一看就懂的

王晓松 编著

创意软装布置

家的四季，用软装打造美好生活

U0168895

中国电力出版社
CHINA ELECTRIC POWER PRESS

内容提要

　　本书从软装基础知识入手，从色彩和图案搭配、家具搭配、灯具搭配、布艺家纺搭配、墙饰搭配、花艺和绿植搭配等方面详细讲解了软装布置知识和技巧，包含软装在不同居室风格、不同居住空间及在四季节庆中的布置方法，并给出一定案例，以达到通过软装布置来装饰家居空间、实现舒适的家居环境的目的。本书提供了丰富多样的配饰用品搭配技巧与样式，无需变动结构，也可以让家居即刻焕然一新。

图书在版编目（CIP）数据

　　一看就懂的创意软装布置 / 王晓松编著 .— 北京：中国电力出版社，2022.7

　　ISBN 978-7-5198-6727-0

　　Ⅰ.①一… Ⅱ.①王… Ⅲ.①室内装饰设计 Ⅳ.① TU238.2

　　中国版本图书馆 CIP 数据核字（2022）第 065731 号

出版发行：中国电力出版社

地　　址：北京市东城区北京站西街 19 号（邮政编码 100005）

网　　址：http://www.cepp.sgcc.com.cn

责任编辑：曹　巍（010-63412609）

责任校对：黄　蓓　王小鹏

装帧设计：张俊霞

责任印制：杨晓东

印　　刷：北京瑞禾彩色印刷有限公司

版　　次：2022 年 7 月第一版

印　　次：2022 年 7 月北京第一次印刷

开　　本：710 毫米 ×980 毫米　16 开本

印　　张：11

字　　数：212 千字

定　　价：68.00 元

　　近年来,软装逐渐成为大家关注的热点,因其简单易行的操作方式,就算没有专业的设计师来出谋划策,居住者凭着自身的审美修养及品位,也可以令家居环境呈现出个性化。但是,如果添置的软装配饰过多,不但不会让家变美,反而会增加空间的收纳负担。因此,了解软装配置的技巧和规律是非常重要的。

　　本书以不需动工、不用拆墙为设计原则,不仅介绍了常见的软装搭配,如家具、窗帘、抱枕、灯具、摆件、花艺绿植等;还分别从风格、空间、人群、节日四个方面介绍了软装搭配的特点与技巧,详细地分析了在不同空间、不同需求下,软装的搭配方法。同时,书中大量运用图表、图形来承载内容,以期给读者带来更好的阅读体验。

编者

2022 年 6 月

目 录 CONTENTS

前言

第3章 用软装定位家居风格，展现家的不同风貌

第4章 不动工，用软装为空间带来大惊喜

第5章 "以人为本"的软装布置，居住起来更舒心

第6章 家的四季，用软装营造美好生活

第1章

从了解到运用，软装为家带来的神奇变化

　　"轻装修，重装饰"的理念悄悄渗透到中国家庭的装修设计中已久，这种方式被越来越多的消费者认可。相比硬装的复杂与费时，软装的设计并没有很高的门槛要求，即便没有专业的设计师帮助，也能根据自身的审美与需求，打造出令自己和家人都满意的家居。

01

软装对居室环境
产生的功能性作用

　　软装，是营造家居氛围的点睛之笔，也满足了日常生活的基本需求。它打破了传统行业的界限，将工艺品、纺织品、收藏品、家具、灯具、花艺、植物等重新组合，形成一种新的装饰理念。

1.表现居室风格

空间的整体风格除了靠前期的硬装来塑造之外,后期的软装布置也非常重要,因为软装本身的造型、色彩、图案、质感均具有一定的风格特征,对室内环境风格可以起到更好的表现作用。

2.营造居室氛围

软装对于渲染空间环境的气氛具有重要作用,不同的软装设计可以营造出不同的室内环境氛围。例如,欢快热烈的喜庆气氛、深沉凝重的庄严气氛、高雅清新的文艺气氛等。

3.组建居室色彩

在家居环境中,软装饰品占据的面积比较大。在很多家居空间中,家具占的面积超过40%。其他如窗帘、床品、装饰画等软装饰品的颜色,对房间的整体色调也会起到很大作用。

4.改变装饰效果

许多家庭在装修时会大动干戈,不是砸墙改造,就是在墙面做各种复杂造型,既费力,又容易造成安全隐患;而且随着时间的推移和设计潮流的改变,一成不变的装修会降低居住质量和生活品质。如果在家居设计时,少用硬装造型,而尽量多用软装饰,不仅花费少、效果佳,还能减少日后翻新造成的资金浪费。

02

合理的软装色彩搭配，
大幅提升室内美感

合理的软装色彩搭配其实很简单，假如色彩的组合出现在自然中、风景中、花朵中或画作里，那么这样的色彩组合同样适合用在居室里。除了追求合理的软装色彩搭配，我们所选的色彩也应该是自己与家人喜欢的，符合自己审美的。

如何选择你最喜欢的房间色彩？最简单的方法就是去衣柜里看一下，确定你是以下哪种类型。

疯狂追逐时尚的
热情派

以米色、白色为
主的文艺派

浪漫甜美的可
爱派

正式、严肃的职
场派

1.围绕一个主题色彩

如果对房间的软装色彩搭配拿不准，可以先进行想象。想象房子是一位模特，而我们就是他的搭配师，装修家就是给这个模特搭配服饰，所有房间的软装色彩都要围绕着一个主题色彩，例如沙发、家具等是体积较大的软装，能够奠定"穿衣的风格"，而地毯、窗帘则是"裤子"，需要配合上衣的风格选择相应的色彩，而抱枕、工艺品等就是珠宝、手表、丝巾等配饰，突出个人的特点和风格。

▲黑白灰色的简约派，选择的配饰色彩也要偏低彩度的，不要过于鲜亮而有突兀感

▲软装的用色有着强烈的对比感，充满活力的感觉

2.从自然中获得色彩组合

担心无法搭配出协调、耐看的色彩，那不妨试试从自然界中找到色彩组合。自然之中的色彩万千，带给人美好的感受。因此我们可以选择自己喜爱的自然景象，找到其中的色彩组合，再装饰到家中，也能获得理想的色彩效果。

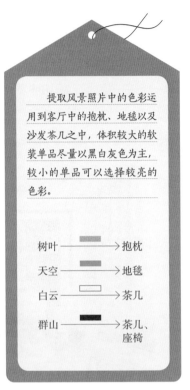

提取风景照片中的色彩运用到客厅中的抱枕、地毯以及沙发茶几之中，体积较大的软装单品尽量以黑白灰色为主，较小的单品可以选择较亮的色彩。

树叶 ——→ 抱枕
天空 ——→ 地毯
白云 ——→ 茶几
群山 ——→ 茶几、座椅

3.低明度色彩更耐看

　　房间想要耐看，色彩不能够太强烈。相比鲜艳的色彩，低彩度的空间更能够使人情绪安定，不会产生过多视觉干扰。研究表明，不同色彩是能够引起不同的情绪反应的，例如：

红色
欢快、喜庆

黄色
温暖、活力

蓝色
平静、宁和

橙色
温馨、和煦

绿色
清新、自然

紫色
优雅、浪漫

　　然而，选择低彩度不是代表不用色，完全纯白或纯木色的空间也会显得太过呆板，所以一些体积较小的软装，例如工艺摆件、花艺、抱枕等可以选择较为鲜艳的色彩，这样可以使空间变得更有层次感，也能使空间更有焦点性。

▲客厅使用米色、米黄色为主要的色彩，看上去稍显平淡，而红色的装饰花卉给空间提亮

03

巧用软装图案，
改善缺陷性空间

软装的材质是多元化的，除了纯色的类型外，很多都带有图案，这些图案有的大一些，有的小一些。将不同的图案放在一起对比时我们可以发现，有些图案能够让物体看起来更小，有的则相反。利用这些软装上不同图案的特点，就可以对空间的视觉效果进行微调。

1.图案的大小对空间视觉的影响

（1）小图案

常见类型：小圆点、碎花或不规则的几何等。

作用：用在软装材料上时，可以让物体比原有的体积看起来要小一些，具有收缩作用，尤其是冷色。当居室面积较小时，可以多使用一些此类图案的软装，能够让空间显得更宽敞。

▲即使卧室墙面和床的色彩比较显眼，小圆点图案的床上用品作为视觉中心令空间显得不是很拥挤

（2）大图案

常见类型： 花卉、传统符号、几何图形等。

作用： 使用此类图案能够让软装的体积比原有的体积看起来更大一些。其中，圆形图案的扩大效果最显著，如果同时使用的是暖色，则更明显。大图案适合用在空旷的房间中，能够让空间显得更丰满一些。

▲大圆形图案地毯很好地化解了客厅与餐厅之间无分区的尴尬，以及协调整个空间较为空旷的感觉

（3）条纹图案

常见类型： 横向条纹、竖向条纹以及折线形的条纹。

作用： 此类图案根据条纹的使用方向，能够拉伸软装的长度或宽度，折线条纹还具有动感。越细小的条纹，拉伸感越强。可以用此类图案的软装来调整居室的长宽比例，例如，宽度窄的客厅宜摆放横向条纹地毯。

▲竖条纹床上用品视觉上拉长了床的长度，使空间的比例看上去更舒适

2.图案的边缘形态对居室动静的影响

布艺中的图案在家居中都是相对静止的，但由于图案形态不同，会对空间形成动静的影响。例如，布艺中的图案边缘为流动的曲线形，就会比边缘为直线的图案显得更有动感。也就是说，当并置的图案相对稳定时，相互之间的色彩对比也会比较稳定。当图案动势较强时，相互之间的色彩对比也会增强，令居室环境显得具有活力。

▲曲线边缘的图案比直线边缘的图案更灵动

▲菱形图案的地毯具有动感效果，不仅色彩对比鲜明，而且令卧室环境更显活泼

3.图案的形态聚合分离对室内配色的影响

　　布艺中的图案形状越集中,色彩对比越强烈;图案形态越分散,色彩对比效果越弱化。与形态复杂的颜色相比,形态简单的颜色对比效果会更强;而复杂的形态搭配复杂的颜色,由于补偿的特征,则空间色彩对比效果降低,且配色会显得相对杂乱。

▲前景和背景图案组合简单,色彩对比强烈

▲复杂图案形态搭配简单图案,色彩对比相对削弱

▲复杂形态搭配复杂色彩,造成较跳跃的配色印象,显杂乱

▲由于墙面壁纸的色彩较多,且图案繁复,空间中其他布艺和家具大多用了纯色,以避免空间内图案过多引起的视觉杂乱感

04

软装的材质、肌理，
决定了居室风格的走向

软装选择时，材质也是不容忽视的美学元素，不同类型的材质可以带来不同的视感及触感，最终影响到整体空间的风格及氛围表现。

自然材质

◎非人工合成的材质，例如木头、藤、麻等，此类材质的色彩较细腻、丰富，单一材料就有较丰富的层次感，多为朴素、淡雅的色彩，缺乏艳丽的色彩

人工材质

◎由人工合成的瓷砖、玻璃、金属等，此类材料对比自然材质，色彩更鲜艳，但层次感单薄。优点是无论何种色彩都可以得到满足

冷材质

◎玻璃、金属等给人冰冷的感觉，为冷材料。即使是暖色相附着在冷材料上，也会让人觉得有冷感，例如同为红色的玻璃和陶瓷，前者就会比后者感觉冷硬一些

暖材质

◎织物、皮毛材料具有保温的效果，比起玻璃、金属等材料，使人感觉温暖，为暖材料。即使是冷色，当以暖材质呈现出来时，清凉的感觉也会有所降低

中性材质

◎木质材料、藤等材料冷暖特征不明显，给人的感觉比较中性，为中性材料。采用这类材料时，即使采用冷色相，也不会让人有丝毫寒冷的感觉

1.材质决定居室风格走向

软装材质有自然、人工之分，也有冷、暖的体现，这些因素在一定程度上决定了居室风格的走向。例如人工材质和冷材质适合现代风格、工业风格，可以很好地突显时代特征，给人都市感和时尚感；而自然材质、暖材质以及中性材质则适合体现自然感的风格，如田园风格、东南亚风格等。

▲现代类的风格适合选择较多人工材质和冷材质的软装

▲田园风格、乡村风格等比较适合自然材质、暖材质、中性材质的软装

2.软装材质可以体现季节特征

软装材质还可以体现一定的季节性，例如，春天、夏天可以选择一些清爽的冷材质软装，而秋天、冬天则可以选择暖材质的软装。根据季节更换不同材质的软装，可以为居室带来变化，增添生活的乐趣。

05

配套性软装，
让室内空间的统一感更强

　　配套性软装就好比我们常用的床上四件套，虽然是配套成品，但也会在整体统一之中有些许的变化。而配套性的软装，可以省去我们自己去搭配选择的环节，直接给我们提供合理、合适的软装搭配组合。

1.选择相同材质、相同图案的软装

　　这类配套形式从视觉、触感以及布艺纺织品的形态上均呈高度统一的效果。为避免同一材料、同种工艺与纹样单一的装饰效果，可采用不同密度、不同组织结构的面料与不同色彩、不同排列的装饰，以及不同的软装来获取丰富的视觉效果。

▲床品、窗帘、座凳的材质及图案均相同，具有很好的视觉统一性

2.选择不同材质、相似图案的软装

选择面料质感各异、色彩造型相似的软装用于室内的装饰。这种配套形式主要显现织物间因肌理对比而形成色泽造型差异的视觉美，能极大满足人们在功能与精神上的审美欲望。

▲卧室软装大部分为黑色，但由于材质的不同，比如皮质的床、纯棉的床品、混纺的地毯，令空间不至于过分单调

___// ♦ 布置技巧 //

在软装材质选择中，利用毛呢、丝绒和麻纺、混纺的提花装饰面料来突出各种帷幔的悬垂性、情趣性；利用丝麻、棉毛或麻毛各类交织的家具覆盖织物，显示华贵富丽的装饰风格；利用细棉、丝棉织物打造床上用品柔软、舒适的感觉。不同材质与不同工艺的处理，使种类繁多的纺织品在室内取得灵活、丰富的装饰性同时，容易产生凌乱现象，所以这类配套设计适用相似的图案造型或类似的色调来达到协调统一的配套效果。

3.选择相同色彩、不同图案的软装

　　以不同图案造型突出对比装饰因素，再用色彩统一视觉美。图案形态的对比因素占据空间主要比例，可以营造情趣盎然的装饰氛围。但这类配套形式宜突出主要一组纺织品间的图案装饰对比因素，且对比关系是大与小、繁与简、实与虚的形式搭配，否则将难以取得调和。为取得整体协调的装饰效果，常采用视觉性强、具有关联性的色彩。

▲客厅中的软装色彩类似，整体给人比较平的感觉，但通过图案的变化，增添了变化感，也显得更有主次性

▲工业风的客厅，软装运用了大量的黑色却不显得平淡，主要原因在于材质、肌理的变化

4.选择局部对应差异与总体视觉统一的软装

　　软装局部对应差异指软装色彩与图案对应方面的差异关系。对应差异因素包括织物形式上大小长短的差异、色彩处理深浅冷暖的差异、材质工艺光滑粗糙的差异，有了相辅相成的差异对比关系，才能最终形成变化统一的配套效果。

▲整体实木材质、色彩相近，但材质工艺的不同，形成表面光滑的桌椅以及表面粗糙的榻榻米炕桌的局部差异

第2章

巧用软装，轻松扮靓理想小家

与硬装不同，软装不需要我们有多么专业的知识，大体上能把握住整体的风格就能够达到不错的装饰效果。软装的分类也很简单，包括家具、灯具、布艺织物、花艺绿植、小饰品等。软装常具有极强的艺术表现力，可以美化居室、营造风格。

01

家具：
定调室内氛围的陈设主体

　　家具是室内设计中的一个重要组成部分，也是陈设中的主体。据调查，一般使用的房间，家具占总面积的35%~40%，在小居室住宅中，家具占房间面积的55%~60%。据此，家具的形态、造型在很大程度上可以决定室内风格的走向。

1.沙发

（1）常见分类

1）按座位数量划分

四人沙发	三人沙发
◎体形最大，最多可供 5~6 人同坐，适合作主沙发	◎体形较大，最多可供 4~5 人同坐，适合作主沙发
◎墙面长度不小于 4m，比例会更舒适	◎墙面长度不小于 3m，比例会更舒适
◎适合大面积空间	◎适合大空间及中等空间，大空间中也可作辅助沙发

双人沙发

◎体形适中，最多可供 2~3 人同坐，常用作辅助沙发

◎墙面长度不小于 2m，比例会更舒适

◎适合中等空间及小空间，小空间可作主沙发，也可单独使用

单人沙发

◎体形较小，一般仅供 1 人使用，常用作辅助沙发

◎适合中等空间及小空间，小空间可作主沙发，也可单独使用

2）按表面材质划分

布艺沙发

◎优点：款式多样，价格较便宜，清洗较容易；可更换沙发套变换样式

◎缺点：易脏，保养不当容易陈旧

藤质沙发

◎优点：色泽素雅、光洁凉爽、透气性强、冬暖夏凉、环保性强，能够实现生物降解

◎缺点：对室内温度和湿度要求高，不好保养；易燃，故要远离火源，保持室内温暖、干燥

木质沙发

◎优点：风格多样、回归自然、结实耐用

◎缺点：对空气湿度要求高，不能靠近取暖器周围，保养困难，容易变形、开裂

皮质沙发

◎优点：大气时尚、柔软透气、触感舒适

◎缺点：价格昂贵，随着使用时间的增加，内部油脂挥发，皮质变硬，不易打理、修复

（2）常见摆放形式

双人沙发+茶几	 	◎适用空间：小面积客厅 ◎适用装修档次：经济型装修 ◎适用居住人群：新婚夫妇 ◎要点：家具元素比较简单，可以在款式选择上多花点心思，别致、独特的造型能给小客厅带来视觉变化
三人沙发+茶几+单体座椅		◎适用空间：小面积客厅、大面积客厅均可 ◎适用装修档次：经济型装修、中等装修 ◎适用居住人群：新婚夫妇、三口之家 ◎要点：可以打破空间简单格局，也能满足更多人的使用需要；茶几形状最好选择正方形
L形摆法	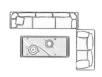	◎适用空间：大面积客厅 ◎适用装修档次：经济装修、中等装修、豪华装修 ◎适用居住人群：新婚夫妇、三口之家、多子女家庭、三代同堂 ◎要点：最常见客厅家具摆放形式，组合变化多样，可按需选择
围坐式摆法	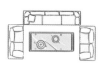	◎适用空间：大面积客厅 ◎适用装修档次：中等装修、豪华装修 ◎适用居住人群：新婚夫妇、三口之家、多子女家庭、三代同堂 ◎要点：能形成聚集、围合的感觉；茶几最好选择长方形
对坐式摆法		◎适用空间：小面积客厅、大面积客厅均可 ◎适用装修档次：经济装修、中等装修 ◎适用居住人群：新婚夫妇、三口之家、多子女家庭 ◎要点：面积大小不同的客厅，只需变化沙发的大小就可以了

（3）搭配技巧

1）根据空间面积选择沙发形态

沙发面积占客厅空间约 25% 为宜。沙发的大小、形态取决于户型大小和客厅面积，不同的客厅，沙发的选购也会不一样。

小客厅：可选择双人沙发或三人沙发，一般 10m²左右的房子即可摆放三人沙发。

▲小客厅

大客厅：客厅空间较大，可选择转角沙发，比较好摆放。另外，还可以选择组合沙发，即一个单人位，一个双人位和一个三人位（客厅需要 25m²左右）。

▲大客厅

2）以沙发为主的空间配色

沙发是客厅中最大件的家具，所以可以先确定沙发色彩为空间定调，再挑选空间中的其他软装，这样的配色方式可令主体突出，可避免其他软装喧宾夺主。不易产生混乱感，操作起来比较简单。

2.茶几

（1）常见分类

1）按造型划分

圆形茶几	**方形茶几**

◎小巧灵动、造型圆润，适合打造休闲空间

◎适用于北欧风格、现代风格、简约风格等

◎稳重，使用面积较大，符合使用习惯

◎适用于中式风格、美式风格、欧式风格等

2）按使用功能划分

单层茶几

◎常用于小户型空间，形成简洁视感

◎适合搭配一对或几对单人沙发，不显得复杂、突兀

多层茶几

◎常见双层、三层或带抽屉的款式

◎实用功能强，可放置较多的物品，增加收纳空间

组合茶几

◎实用性高，可分区域放置物品，增加随手使用的功能

◎错落的形态，可丰富空间的层次感

3）按材质划分

木质茶几		◎优点：材质天然，根据风格不同可有不同的表面装饰 ◎缺点：价格差较大，实木材质价格较贵，样式比较单一
玻璃茶几		◎优点：给人感觉非常通透、干净，不仅适合现代感风格的居室，也可以做复古仿金电镀造型，十分典雅 ◎缺点：易碎、安全性较差
大理石茶几		◎优点：石材温润的材质给人大气、平和之感，十分适合中式类风格 ◎缺点：造型相对单一，不能有特别夸张的造型样式
铁艺茶几		◎优点：体量较小，造型简洁，常为白色、黑色或者莫兰迪色系，比较适合简约和北欧风格的小户型 ◎缺点：收纳容量不大

（2）搭配技巧

1）根据沙发类型搭配适宜的茶几

选定沙发为空间风格定位后，再挑选茶几与之搭配，可以避免不协调的情况。最好选择和沙发互补、又能形成对比的样式。

▲休闲感极强的真皮沙发，可搭配较阳刚、厚重的茶几

▲自然舒适的布艺沙发，可搭配木质小茶几、小型玻璃茶几等

2）独立茶几的材质要与其他家具材质做呼应

若是选用独立的茶几，则要留意其材质是否出现在客厅中的其他地方。例如，选择大理石台面的茶几，家中却并没有相同材质的物件，会造成单一材质突兀地出现在空间中，与客厅空间难以协调。

▲黑白大理石茶几与沙发中间的边几形成材质呼应

3）根据空间面积选择茶几款式

小客厅：可摆放圆形这类造型圆润的茶几，或是瘦长形、可移动的简约茶几；同时建议选择镂空型茶几，可令客厅看起来更为通透，在视觉上带来扩大空间的效果。

大客厅：可考虑摆放沉稳、深暗色系的木质茶几，以及腿部有精美雕花的款式。

3.电视柜

（1）常见分类

按造型划分

地柜式电视柜

◎使用最多、最常见的电视柜
◎装饰效果强，占地面积小
◎储物空间几乎为全封闭，整洁感较强

悬挂式电视柜

◎悬挂在墙上，与墙面融为一体
◎装饰作用大于实用功能，但节省空间，方便打扫
◎载重量不如立式电视柜，不要在其上摆放过多装饰品

组合式电视柜

◎集多种柜体组合为一体
◎虽然较占用空间，但收纳效果强大
◎可根据空间需求进行定制，完成空间使用功能最大化

（2）搭配技巧

电视柜应与沙发共同形成客厅的核心区域

客厅中的电视柜并不是一个单独的物体，它可以与沙发组合成客厅的核心区域。落地式电视柜在摆放时不宜过高，应以不高于沙发为准。若是电视柜本身偏高，则可以在沙发背后的墙面上悬挂装饰画，装饰画上沿的位置高于电视柜高度即可。另外，电视柜不宜过宽，通常情况下，沙发一定要比电视柜宽一些，这样才会形成令人舒适的空间比例。

▲电视柜与沙发为空间中的主体家具，搭配应符合相应比例

4.餐桌

（1）常见分类

1）按造型划分

长方形餐桌

◎最为常见，与多数空间的匹配度均较高

◎可令餐厅呈现出整洁、利落的空间氛围

◎可提供最大的使用面积

方形餐桌

◎比较方正，容易摆放

◎非常适合面积狭小的餐厅

圆形餐桌

◎与中国团圆的寓意相符，方便用餐者交谈

◎可有效利用空间角落，适合任何形状的餐厅

◎需注意摆放时不能拉至紧贴墙壁的位置

2）按材质划分

玻璃餐桌

◎优点：具有简洁、明了的线条及通透的视感，能与其他各式家具更好地搭配组合，十分适合现代风格的家居

◎缺点：劣质钢化玻璃存在自爆的危险，因此质量很重要，厚度最好为2cm以上

大理石餐桌

◎优点：美观、高雅，且硬度高，耐磨性强，长时间使用也不会变形

◎缺点：造型会比较单一，一般以简约造型为主

木质餐桌

◎优点：实木餐桌古色古香，比较适合中式或欧式古典风格；板材餐桌的适用风格更加多样化，如现代风格、简约风格、北欧风格、乡村风格皆可

◎缺点：存在容易划伤、不易保养的缺点，需要使用隔热垫

（2）常见摆放形式

平行对称式		◎餐桌适合长方形款式，餐椅以餐桌为中线对称摆放，边柜等家具与餐桌椅平行摆放 ◎这种摆放方式的特点是简洁、干净 ◎适合长方形餐厅、方形餐厅、小面积餐厅以及中面积餐厅
平行非对称式		◎整体上布置方式与平行对称式相同，区别是一侧餐椅采用卡座或其他形式，来制造一些变化，边柜等家具适合放在侧墙 ◎效果个性，能够预留出更多的交通空间，彰显宽敞感 ◎适合长方形餐厅、小面积餐厅
围合式	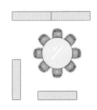	◎以餐桌为中心，选择方形、长方形或圆形均可；其他家具围绕着餐桌摆放，形成"众星拱月"的布置形式 ◎效果较隆重、华丽 ◎适合长方形餐厅、方形餐厅以及大面积餐厅
直角式		◎餐桌适合选择方形、短长方形或小圆形的款式，餐桌椅放在中间位置，四周留出交通空间；柜子等家具靠一侧墙呈直角摆放 ◎非常具有设计感 ◎适合面积较大、门窗不多的餐厅
一字形	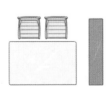	◎有两种方式，一种是餐桌长边直接靠墙，餐椅仅摆放在餐桌一侧，适合长方形餐桌 ◎另一种是餐椅摆放在餐桌的两边，餐桌一侧靠墙，适合小方形餐桌 ◎两种方式中，柜子均可与餐桌短边平行 ◎适合面积较小的长条形餐厅

（3）搭配技巧

1）餐桌椅色彩在保证整体空间协调的同时，可做多样化处理

餐桌椅既可以成套选购，也可以分开选购。如若分开选购餐桌椅，其色彩搭配可呈多样化态势。一般来说，餐桌色彩大多为白色、黑色或木色系，比较保险的搭配形式为餐椅也选择这些色彩，进行同色搭配，或异色搭配；如果希望空间中呈现出活泼氛围，则可以选择1~2把餐椅进行跳色处理。

▲餐桌椅为同色搭配

▲亮色餐椅为白色系空间注入活力

2）一体式客餐厅中的餐桌应与其他家具搭配相宜

在一体式客餐厅中，要注意家具之间的协调性搭配。而餐桌大多数的装饰在于桌脚，在进行室内设计时，一定要注意桌脚与客厅中的其他家具是否有所呼应，切忌只求片面美观，而忽视空间环境的整体设计感。

▲餐桌色彩与空间中的其他家具有所呼应，且款式均为简洁式样

5.餐边柜

（1）常见分类

按造型划分

低柜式餐边柜

◎能够降低视觉重心，令餐厅视野更加开阔、宽敞

◎颜色应根据餐桌椅的颜色进行搭配

◎适合放置在餐桌旁，柜面空间可用来展示照片、摆件、餐具等

方形餐桌

◎收放自如，中部可镂空，沿袭了低柜式餐边柜的台面功能

◎上柜一般为开放式，常用物品的拿取较方便

高柜式餐边柜

◎多为上下柜体，中间可镂空，也可全柜封闭

◎可以为成品款，也可以根据空间实际情况进行定制

◎美观齐整，节省平面空间，最大化利用纵向空间

◎有时会制作成酒柜的形式

组合式餐边柜

◎一部分是较低的柜子，可作为物品搁置台使用

◎一部分是较高的柜子，用来存放不经常使用的物品

◎形成灵活的高低层次感，具有很好的装饰性

转角式餐边柜

◎一般应用于餐厅长与宽的夹角处，比较节省空间面积

◎储物量一般较小，最好选择略高的款式

挂墙式餐边柜

◎柜体制作简单，较实用
◎适合面积有限的餐厅

封闭式餐边柜

◎柜体为封闭款式，收纳的物品不会外露

◎可以令空间呈现出较为整洁的面貌

◎若空间允许，可选择造型美观的款式，使之成为一件装饰品

开放式餐边柜

◎柜体有封闭部分，也有开敞的镂空部分或玻璃门

◎可以令柜中的物品得以展现，具有装饰性

◎装饰功能大于实用功能，柜体里的物品不可杂乱

（2）常见摆放形式

平行式		◎餐边柜与餐桌呈平行式，是比较常见的摆放形式 ◎存在拿取时需要起身的问题，便捷性较低 ◎餐边柜与餐桌椅之间要预留80cm以上的距离，方便拿取物品及通行
T形		◎餐桌横放，餐边柜竖放 ◎餐桌与餐边柜"零距离"，方便拿取物品，且能提升视觉深度 ◎由于餐桌与餐边柜有重合区域，最好选择定制
T形摆放变体		◎类似于T形摆放，但餐桌与餐边柜之间留有空隙 ◎此类摆放形式完全是根据空间需求而产生

（3）搭配技巧

1）根据空间面积选择餐边柜款式

小餐厅：适合结构较简单的封闭型餐边柜，过于烦琐的造型或开放式餐边柜会增加视觉负担，不适合小面积餐厅。

大餐厅：可选择高度较高的餐边柜，具有较好的装饰性，且储物量较大，为家居空间增加收纳功能。

▲小餐厅

▲大餐厅

2）定制款餐边柜更实用，更贴合空间

相对于室内的其他家具，餐边柜更适合选择定制款，可以充分结合空间情况进行设计，以发挥最大功能。例如，可以将卡座的形式与餐边柜结合设计，既能节省空间，也具有收纳与展示功能，一物多用。

▲卡座与餐边柜组合定制，增加空间使用面积

3）开放式厨房可将部分功能延伸至餐边柜

开放式厨房可将部分橱柜或岛台的功能延伸到餐厅中。例如，可以把餐边柜当作备餐台，增加其使用功能。但因为经常要在桌面上处理食物，所以应注意桌面材质是否好清洁。另外，用于备餐台的餐边柜，柜子最好选择带有抽屉的款式，可用于存放厨具。

▲开放式厨房中的餐边柜可多功能化

6.睡床

（1）常见分类

1）按造型划分

圆床

◎造型新颖，色彩多样，占地面积大

◎非常适合年轻人使用，特别是新婚家庭

◎床头柜可依据床的造型具体选择，有的圆床自带储物部分，就无须再做搭配

◎宜搭配圆形的床头柜，效果更协调

立柱床

◎可分为中式和西式两类，中式床上方有"梁"，西式床仅有立柱

◎床的框架多以实木为主，多带有精美的雕花装饰

◎适合面积较大的双人卧室

◎宜搭配双侧床头柜组合

双层床

◎也叫作"子母床"，分为上、下两层，下层宽于上层，或宽度相等

◎适合孩子多、面积小的家庭

◎卧室面积不宜小于 $6m^2$

◎宜单独使用，不建议搭配床头柜

高架床

◎分为上、下两层，上层用于睡眠，下层为书桌或收纳空间

◎可供儿童或单身人士使用

◎适合小面积卧室

◎宜单独使用，不建议搭配床头柜

抽拖床

◎下层可隐藏，也可抽出来作为单人床使用

◎适合小面积卧室

◎可搭配双侧床头柜组合，也可搭配单侧床头柜组合

折叠床

◎有单人和双人两种，一类床为折叠框架，一类床为固定框架，但可向墙壁折叠，整体隐藏

◎节省空间，使用方便，适合小面积卧室

◎多单独使用，若位置固定，也可搭配小型床头边几

隐藏翻板床

◎安装在墙壁上，平时外观与衣柜相同，使用时将柜门翻下来就是一张床，白天可以让居室有更多的使用空间

◎适合一室多用的房间，例如客厅兼作卧室、书房兼作客房等

2）按材质划分

实木床

稳固性：★★★★★
环保性：★★★★
价　格：★★★★

◎优点：天然、环保，使用寿命长，是板式家具的5倍以上。十分适合中式风格、欧式古典风格、乡村风格

◎缺点：质量较重，价格较贵

板式床

稳固性：★★★
环保性：★★
价　格：★★★

◎优点：款式简洁，不变形，不开裂，价格适中，在市场上最为常见。在现代风格、简约风格、北欧风格、韩式田园风格等家居中均会见到

◎缺点：注意选择品牌产品，否则可能会出现使用劣质板材造成甲醛超标等问题

布艺床

稳固性：★★★★★
环保性：★★
价　格：★★★★

◎优点：观美观，靠背舒适，价钱方面相对实木床也比较便宜，比较适合大众消费

◎缺点：但布艺床外框的尺度比实木床大，一般不太适合小户型

铁艺床

稳固性：★★★★
环保性：★★★★
价　格：★★

◎优点：线条简洁、流畅，不占空间，搬动也很容易。适用的家居风格较多，若线条简洁、流畅，较适合现代风格、北欧风格等；若有缠枝花纹等装饰性线条，则较适合简欧风格、现代法式风格等

◎缺点：遇潮容易氧化或掉漆，因此其周围最好不要摆放加湿器

（2）常见摆放形式

围合式

◎床与柜子侧面或正面平行摆放

◎可根据床的款式调整其摆放位置，单人床可放在房间中间，也可靠一侧墙壁，双人床适合放在中间

◎床头两侧根据宽度，可以使用床头柜、小书桌等

◎电视柜或梳妆台放在床头对面的墙壁

◎适合空间：长条形卧室、方形卧室、小面积卧室、中面积卧室

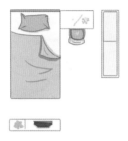

C字形

◎将单人床靠窗摆放，沿着床头墙面及侧墙布置家具，整体呈现C字形

◎这种布置方式能够充分地利用空间，满足单人的生活、学习需要

◎适合用在青少年、单身人士或兼作书房的房间内

◎适合空间：长方形卧室、方形卧室、小面积卧室

工字形

◎床与窗平行摆放，床可以放在中间，也可偏离一些，根据户型特点安排

◎床两侧摆放床头柜、书桌或梳妆台；衣柜或收纳柜摆放在床头对面的墙壁一侧，与床头平行

◎交通空间为床的两侧及床与衣柜之间

◎适合空间：长方形卧室、方形卧室、小面积卧室、中面积卧室

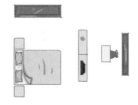

混合式

◎根据需求，可规划出一个步入式的衣帽间；也可利用隔断隔出一个小书房，写字台和床之间用小隔断或书架间隔

◎门如果开在短墙一侧，书房或衣帽间适合与床侧面平行布置

◎如果门在长墙一侧，适合与床头平行布置

◎适合空间：长方形卧室、大面积卧室

（3）搭配技巧

床头板要与卧室背景墙相呼应

床头板造型种类很多，美观且兼具安全性，可以成为整个卧室的视觉焦点。但是，床头板的选择要考虑到居室的整体风格，与卧室背景墙相协调，例如，不要出现中式风格的床头板搭配欧式风格的背景墙，令居室氛围不伦不类。

▲卧室背景墙面图案丰富，看上去比较热闹，因此床头板选择了相同色系但是色彩较暗的直线条样式，既不会喧宾夺主，又能使卧室氛围不会过于炫目

7.梳妆台

（1）常见分类

独立式梳妆台	◎单独设立梳妆台，比较常见的款式 ◎款式比较灵活，装饰效果十分突出
折叠式梳妆台	◎使用时打开梳妆镜面板，不用时折叠起来可充当书桌使用 ◎适用于家中没有书房，但对于化妆和日常工作均有需求的业主

组合式梳妆台	◎梳妆台与其他家具组合设置 ◎适用于空间面积不大的卧室空间
分体式梳妆台	◎化妆镜与台面分开单独出现 ◎可以根据空间情况更加灵活地运用，形式更活泼、多样

（2）常见摆放形式

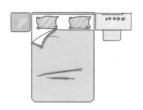

与床头平行

◎床头的一侧摆放床头柜，另一侧摆放梳妆台

◎比较常见的摆放形式，适合多数家庭

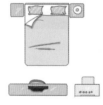

摆放在电视墙一侧

◎与卧室电视墙一侧，摆放在电视柜或斗柜旁边

◎切忌将镜子直接对着睡床，建议选择折叠式梳妆台

◎适合对床头柜需求较高的家庭，不愿意只摆放一个床头柜

摆放在床的侧边

◎选择睡床两侧合适的位置进行摆放

◎摆放在角落里最节省空间

◎适合卧室长度不足，又不愿只摆放一个床头柜的家庭

（3）搭配技巧

梳妆台色彩应与其他家具和谐共处

梳妆台的色彩在确定时，最好不要与空间的主色调形成冲突。一般来说，梳妆台色彩可以和整体空间其他家具的色彩保持一致。对于一些具有现代时尚感的居室，也可以选择框架简单的黑色金属材质的梳妆台；或者带有金属光泽的梳妆台，来体现空间质感。

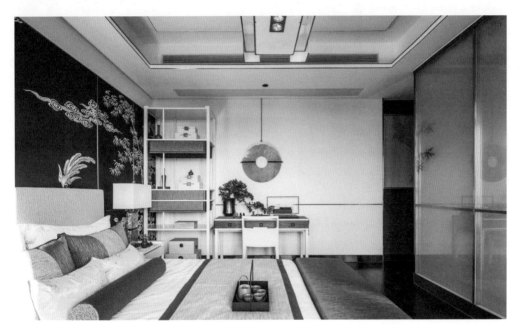

▲梳妆台与床同色

8.衣柜

（1）常见分类

推拉门衣柜	◎简洁明快，适合家居户型面积相对较小的家庭 ◎内推拉门衣柜是将衣柜门安置于衣柜内，个性强烈，易于融入家居环境 ◎外推拉门衣柜是将柜门置于柜体外，可根据家居环境结构及个人需求量身定制

平开门衣柜		◎在传统的成品衣柜中比较常见 ◎决定衣柜档次的高低在于门板用材和五金品质两方面 ◎优点是比推拉门衣柜价格便宜，缺点为较占用空间
折叠门衣柜		◎质量工艺要求较高，因此价格略贵 ◎比平开门相对节省空间，比推拉门有更多的开启空间 ◎比较适用于田园风格的家居
开放式衣柜		◎储存功能强大，比传统衣柜更具个性，但对家居整洁度要求较高 ◎可以充分利用卧室高度，尽可能增加衣柜的可用空间

（2）常见摆放形式

1）卧室衣柜

床边摆放衣柜		◎房间长大于宽时，在床边位置摆设衣柜最为常见 ◎衣柜距离床边距需留有空余，以方便日常走动
床头摆设衣柜		◎将床与衣柜做成一体的形式，去除两侧床头柜，形成整体效果 ◎在前期对衣柜进行设计时，预留床的宽度时需考虑床靠背的宽度 ◎适合面积不大的卧室

床尾摆设衣柜		◎适用于卧室左右两边宽度不够的空间；或主卫与卧室平行，但为半通透设计的卧室 ◎将衣柜设置在床尾处，最好采用移动拉门

2）衣帽间

走廊型		◎造型灵活，且收纳率高，适用于 5m² 以下的衣帽间 ◎可将男女主人的衣物分开，更方便分类 ◎若想做独立衣帽间使用，可以根据墙体尺寸巧妙设计两侧柜体，实现最大程度收纳
L形		◎适合 5m² 以上的衣帽间 ◎柜内可安装换衣镜，换衣服时更加方便 ◎可设置熨衣服区，也可为女主人设计一张梳妆台，将家务区和储物区相融
C形		◎适合 7m² 以上的衣帽间 ◎具有更明确的分区，可以将更衣、收纳、家务等合为一体 ◎如果家中闲置物品太多，需三面都做储物柜来收纳，要注意转角处要尽量避免狭窄隔板

（3）搭配技巧

1）根据卧室大小选择衣柜的款式

小空间：可以选择双开门的款式，如果卧室面积实在太小，则可以将衣柜嵌入墙体，既为卧室增加了收纳空间，也避免了过多占用空间导致的逼仄感。

大空间：可以考虑装饰收纳效果比较强的三开门或四开门的衣柜。

2）根据不同人群设置整体衣柜

年轻夫妇：年轻夫妇的衣物较为多样化。长短挂衣架、独立小抽屉隔板、小格子这些都得有，以便于不同的衣服分门别类放置。

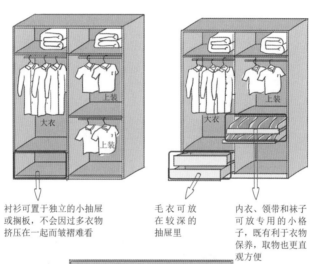

衬衫可置于独立的小抽屉或搁板，不会因过多衣物挤压在一起而皱褶难看

毛衣可放在较深的抽屉里

内衣、领带和袜子可放专用的小格子，既有利于衣物保养，取物也更直观方便

把平常随处乱丢的包包收进衣柜里面

设一个保险箱（保险箱是钉紧在衣柜里拿不出来的），否则日后一些重要的证件或贵重的物品就会没处放了

老年人： 老年父母的衣物，挂件较少，叠放衣物较多，可考虑多做些层板和抽屉，但不宜放置在最底层，应在离地面 1m 高左右。若条件允许，则可以在设计衣柜时，考虑在衣柜上层安装升降衣架。

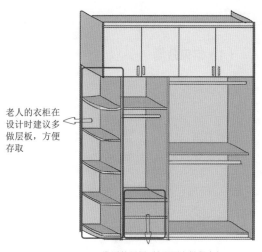

老人的衣柜在设计时建议多做层板，方便存取

常用的层板、抽屉不宜做得太低，以免老年人蹲下取物不方便

儿童： 儿童的衣物，通常也是挂件较少，叠放较多，最好选择一个大的通体柜，只有上层的挂件，下层空置，方便随时打开柜门取放和收藏玩具。

爸爸妈妈的收纳区

中大童的收纳区
1000mm 以下

幼童的收纳区
360mm 以下

3）衣柜的多样化设计

衣柜+电视柜： 利用整面墙制作衣柜，然后把衣柜某一位置留空（通常是中间位置），用来作为电视柜的作用。这样的设计同时具备储物和观影的需求。

衣柜+梳妆台： 将梳妆台与衣柜连为一体，既保证了卧室空间的整体感，又能节省不少空间自由活动。

衣柜+书桌： 把书桌和衣柜合为一体，可以解决收纳、工作和工艺品摆设等问题，一举多得。

衣柜+睡床： 将衣柜与睡床结合起来设计成一体柜，能在有限的空间中实现最强的储物功能。

9.书桌

（1）常见分类

1）按造型划分

定制书桌		◎适用于阳台等难于买到合适尺寸书桌的角落空间 ◎可在桌面下方留有两个小抽屉，将零碎物品收纳在此 ◎但抽屉的高度不宜过高，否则抽屉底板距离地面太近，令下方高度放不进去腿
悬空式书桌		◎适用于面积不大的书房 ◎靠墙悬挂台板代替写字桌的功能，可令空间显得宽敞 ◎台面板最好不要过长，否则使用一段时间后会出现弯曲现象 ◎建议用双层细木工板制作，以保证使用寿命
组合式书桌		◎结合了书桌与书架的两种家具功能 ◎款式多样，可令家居环境更加整洁 ◎充分利用了立面空间，具有了更多的收纳功能
翻盖书桌		◎采取多功能内阁书桌设计，结合现代设施设计而成 ◎台面可翻折，没有翻折时从外观上来看好似一架钢琴，翻折下来就是使用的书桌台面 ◎和组合书桌类似，收纳功能较强

2）按材质划分

美式书桌		◎书桌材质一般以全实木或板木结合为主 ◎针对美式风格的特性，在书桌表面纹理的表达上都比较粗犷 ◎保留木材原有的纹理，还原木质最纯真、自然的一面
欧式书桌		◎多以实木为主，立体感较强 ◎表面经过特殊工艺的处理，局部带有精致的雕刻 ◎色彩华丽，且用色十分大胆
中式书桌		◎常见花梨木、紫檀木等名贵材质 ◎在造型上，古典中式书桌依然强调传统的花纹设计 ◎新中式风格的书桌造型则简化许多，用材上也选用了较为经济的水曲柳、松木等
现代书桌		◎注重装饰上的简约，从造型上来说没有美式、欧式复杂的花纹与纹络，也没有精致的手工雕刻，但一般会具有强大的功能性 ◎在选材上，现代书桌多用板木与金属结合的材质，稳定性好，不易变形、开裂，造价相对来说较低

（2）常见摆放形式

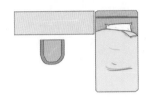

一字形

◎将书桌靠墙摆放，书橱悬空在书桌上方
◎人面对墙进行工作或学习，布置方式较为单一
◎节省面积，有更多富余空间来安排其他家具
◎若桌面宽度较窄，伸腿时会弄脏墙面，因此可以将墙面踢脚线加高，或者为桌子加个背板
◎适合空间：长方形书房、方形书房、小面积书房、多功能书房

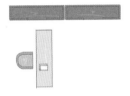

L形

◎书桌靠窗或靠墙角放置，书柜从书桌方向延伸到侧墙形成直角
◎占地面积小，且方便书籍的取阅
◎中间预留的空间较大，书桌对面的区域可以摆放沙发或休闲椅等其他家具
◎适合空间：长条形书房、小面积书房

平行式

◎书桌、书柜与墙面平行布置
◎书桌放在书柜前方，如果空间充足，对面可以摆放座椅或沙发
◎可以使书房显得简洁素雅，形成一种宁静的学习气氛
◎这种布置存在插座网络插口的设置问题，可以考虑地插，但位置不要设计在座位边，尽量放在脚不易碰到的地方
◎适合空间：长方形书房、小面积书房、中面积书房

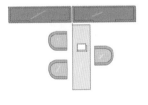

T形

◎书柜放在侧面墙壁上，布满或者半满
◎中部摆放书桌，书桌与另一面墙之间保持一定距离，成为通道
◎适合空间：藏书较多、开间较窄的书房、长方形书房、小面积书房

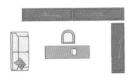

U形

◎将书桌摆放在房间的中间
◎两侧分别布置书柜、书架、斗柜或沙发、座椅等家具，将位于中心的书桌包围起来
◎使用较方便，但占地面积大
◎适合空间：长方形书房、方形餐厅、大面积书房

02

灯具:
打造空间光影变化的"魔术师"

灯具在家居空间中不仅具有装饰作用,同时兼具照明的实用功能。造型各异的灯具,可以创造出与众不同的家居环境;而灯具散射出的灯光既可以创造气氛,又可以加强空间感和立体感,可谓是居室内最具有魅力的情调大师。

1.吊顶

(1)常见种类

1)按灯头数量划分

单头吊灯	多头吊灯
◎指一个吊线上只固定一个灯罩和光源的款式	◎指一个吊线上固定多个灯罩和光源的款式
◎通常造型比较简单、大方	◎造型多样,适合各种家居风格,或华丽或质朴
◎单头吊灯用在客厅会显得有些单调,一般建议用在卧室、餐厅等空间	

2）按安装方式划分

线吊式	链吊式	管吊式
◎指一个吊线上只固定一个灯罩和光源的款式 ◎通常造型比较简单、大方 ◎单头吊灯用在客厅会显得有些单调，一般建议用在卧室、餐厅等空间	◎采用金属链条吊挂于空间，这类照明灯饰通常有一定的质量 ◎能够承受较多类型的照明灯饰的材质，如金属、玻璃、陶瓷等	◎与链吊式的悬挂很类似 ◎使用金属管或塑料管吊挂的照明灯饰

（2）设计搭配

简洁吊顶适合搭配单体造型精美的吊灯

如果室内吊顶的设计比较简洁，可以选择一盏或一组造型设计颇具艺术感的吊灯，其优美形体可烘托出吊灯对于空间的装饰作用，形成主次分明的设计手法。一般情况下，单体吊灯不宜太大，小巧精致的比较理想。

▲客厅顶面没有过多的造型，因此可以选择样式稍微夸张的吊灯作为顶面的装饰

▲餐桌上方的多头吊灯，材质通透，造型个性，具有很强的观赏性

2.吸顶灯

（1）常见种类

1）按灯罩形式划分

罩式吸顶灯

◎带有灯罩的款式，灯罩造型多样，常见方罩、球形罩、半球形罩、长方罩等

◎通常体积较小，灯罩多为亚克力或塑料材质

垂帘式吊灯

◎形式多为圆形、方形或长方形

◎与罩式吸顶灯相比，装饰性更优良，灯光照射下非常华丽

◎装饰部分多为水晶或亚克力

2）按材质划分

磨砂玻璃吸顶灯	彩绘玻璃吸顶灯	布艺灯罩吸顶灯
磨砂玻璃吸顶灯带有朦胧的质感，造型样式多；主灯不刺眼，照明的柔和度高、覆盖面广。多用在现代风格、简约风格的家居中	色彩艳丽，搭配方式多样，装饰性强；灯光的照明绚丽，光晕丰富。一般多设计在地中海风格、田园风格等室内空间中	素纹布艺吸顶灯由于布艺的透光性不同，照明亮度有强弱区别，但光感柔和。一般在北欧风格、简约风格的家居中比较常见。而印花罩面的吸顶灯，多会设计在中式、新中式或欧式古典风格中

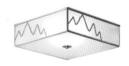

（2）设计搭配

吸顶灯最好搭配点光源来突出照明效果

吸顶灯不同于吊灯丰富多变的照明效果，因此在空间设计中，往往会结合筒灯或射灯等点光源来呼应其照明效果，用以提升空间内的光影变化，以及整体的照明亮度。其中，筒灯对于吸顶灯的辅助照明效果更出色。

▲休息使用的卧室，使用吸顶灯与筒灯的搭配保证整体亮度，小的台灯则作为补充光源

3.台灯

（1）常见种类

1）按结构划分

分体式台灯	◎最常规的台灯结构形式
	◎基本分为灯罩、灯头、支杆、底座四部分，彼此可以分拆或组装

整体式台灯	◎分为半整体式和一体式两种 ◎半整体式指灯罩和支架一体，而底座分开；或支架与底座一体，灯罩分开 ◎一体式结构是指灯罩、支架、底座成为一体的结构，一般整体为一个材料组成
可调节式台灯	◎可根据使用状况调节灯体的高度、光照方向，有的也可以通过底座调整把台灯固定在需要的位置使用
组合式台灯	◎包括功能组合、拼装组合两种 ◎功能组合是把台灯照明的功能和笔筒、钟表、手电筒等其他功能结合 ◎拼装组合是对台灯进行模块化设计，通过单体重复累加来组合台灯，或预设好台灯零部件让使用者来进行组装

2）按灯罩材质划分

布艺灯罩台灯	**金属灯罩台灯**	**透明玻璃台灯**
装饰效果出色，对照明有一定的延阻性，光照静谧、温和，在现代风格、简约风格以及北欧风格中较常见	工作台灯的灯罩一般为金属材质，此类灯罩不透光，照度较强，光线的方向性强，一般可以扭动灯罩角度来改变照射的范围	玻璃灯罩台灯可营造出明亮、晶莹、绚丽、轻盈的光照效果，实用性高，且照明延伸性好，覆盖面积大。一般多设计在北欧风格、现代风格等室内空间中

（2）设计搭配

1）装饰台灯的样式要精致、突出

装饰台灯多出现在沙发边的角几上、墙角柜的台面上，其主要目的是装饰。这类台灯的样式要繁复、精致，或造型极简，具有艺术性。灯光多以微弱的暖色为主，起到衬托作用。

▲边几上的台灯具有精美的设计外观，与空间中其他软装搭配得浑然一体

2）同一空间内，台灯样式需统一

在同一空间内，台灯最好样式统一，对称摆放。这样可以最大化突出空间设计的整体性。若台灯与台灯之间的设计没有联系，空间会显得杂乱，没有主题。

▲对称摆放的台灯以其鲜艳的色彩，打破了大面积棕色调带来的沉闷感

4.壁灯

（1）常见种类

玻璃壁灯

常为素白色，玻璃单面磨砂处理后会具有柔和的质感，使其灯光照明不刺眼，亮度微弱、柔和。一般多设计在美式风格、法式风格等室内空间中

石材壁灯

质量轻，造型简洁，磨砂表面质感舒适，且透光；其照明无死角、不刺眼，光感冷暖可调。一般多设计在简约风格、北欧风格等室内空间中

布艺壁灯

造型简洁、大方，布艺的质感柔软、舒适。灯光透过布艺，既不刺眼，又不阻碍光线的延伸。一般多设计在北欧风格、简约风格等室内空间中

藤编壁灯

其造型富有创意，且自带强烈的自然感。藤编镂空的造型还可以令照明的光影变化丰富，营造温馨、浪漫的室内氛围。一般多设计在东南亚风格、北欧风格等室内空间中

金属壁灯

常为一体式，其造型极简，安装方便，持久耐用；上下两个方向为定向照明，在墙面会留有光斑。一般多设计在现代风格、简约风格等室内空间中

（2）设计搭配

1）壁灯应结合墙面造型做选择

壁灯要结合墙面造型来选择，大小应与墙面造型比例协调，不宜太大。壁灯只有按照墙面设计选定，才能拥有良好的整体感。若先选购壁灯，则会出现壁灯难以融入墙面的设计问题。

▲客厅的墙面面积不大，因此仅用单个壁灯来完成局部照明

2）壁灯样式要呼应空间内的设计元素

对于一些有特殊造型的壁灯来说，其造型不能孤立，也不可太过独特，要与空间内的设计元素相呼应，产生设计联系，增强壁灯与空间的融入感。另外，造型复杂的壁灯，安装位置要高，以保护儿童的安全。

▶壁灯和台灯属同类风格，即使体量略大，也不会显得比例失衡

5.筒灯

（1）常见种类

1）按安装方式划分

嵌入式筒灯

◎需要将灯头以上的部分装在吊顶内部，也可以安装在家具中

◎吊顶空间足够可预留出空间安装直嵌式筒灯，吊顶厚度偏薄可选择横嵌式筒灯，节省安装空间

明装式筒灯

◎直接安装在楼板或者吊顶平面以下，裸露在外面

◎无须开孔，可以直接安装，大部分具有可调节的优点

◎可根据实际安装空间以及所需的照明亮度选择尺寸，尺寸越大，功率越大，亮度越高

2）按灯罩材质划分

LED 筒灯	◎使用寿命长，不会产生紫外线，且照明光线比较集中 ◎亮度较高，被照物体突出，广泛运用在家居设计中的任意风格，室内各处功能空间均可使用
铁皮筒灯	◎铁皮筒灯的性价比高，长时间使用容易生锈，但照明亮度高，多为白光 ◎铁皮筒灯多为工程用灯，家装设计中应用较少
纯铝筒灯	◎纯铝筒灯的耐热性好，质量轻，且照明散光性好，不刺眼 ◎多设计在造型简洁的吊顶中
不锈钢筒灯	◎表面有雕花造型，装饰性出色，具有较高的光泽度 ◎一般多运用在造型时尚、现代的家居空间中
压铸铝筒灯	◎压铸铝筒灯的边框轻薄，与吊顶的结合设计好；且照明面大，覆盖面积广 ◎一般多设计在无主灯式的客厅中
塑料筒灯	◎塑料筒灯的外壳一体化程度高，持久耐用。照明多为白光、柔和的灯光 ◎一般多设计在卫浴、厨房等空间中

（2）合理布置

筒灯在吊顶中的适当排列距离

筒灯在吊顶中的分布间距会影响空间照明质量，间距越大空间所营造的亮度越小，间距过小，虽保证了空间亮度，但会造成能源浪费。若筒灯为主要照明，筒灯之间的距离可适当缩小，一般在1~2m，保证空间亮度充足；若是辅助照明，则距离可适当加大，具体根据整体空间的大小及层高决定。另外，筒灯到墙壁的距离也有要求，筒灯在照明时会产生热量，若离墙体过近易将墙壁烤黄，一般要求筒灯到墙的距离至少为30cm。

（3）设计搭配

1）利用筒灯加强空间感和立体感

筒灯在一定程度上可加强空间感和立体感，通过照明，赋予装饰对象生命力。如在墙面装饰物的照明上，筒灯所营造的灯光打在装饰物表面，并可在装饰物下方投射出阴影，在一定程度上加强了立体感。

▲利用筒灯将光源打在装饰画上，可丰富空间的层次感

2）狭长空间适合选择大尺寸筒灯

狭长空间一般比较狭窄，若选择小尺寸的筒灯，会有明显的明暗变化，导致有照明死角的发生。选择单体尺寸大的筒灯可以避免这种情况，而且也可以在少安装几个筒灯的情况下，保证狭长空间充足的照明亮度。

▲狭长过道的吊顶上面安装大尺寸筒灯，将整个空间照亮起来

03

窗帘：
营造居室万种风情的好帮手

窗帘在遮挡类布艺软装中最为常用，主要作用是与外界隔绝，保持居室的私密性，同时也是家居中不可或缺的装饰品。现代窗帘既可以减光、遮光，以适应人对光线不同强度的需求；又可以防火、防风、除尘、保暖、消声、隔热、防辐射、防紫外线等，改善居室气候与环境。

1.常见纹样

（1）无纹样

样式：即纯色窗帘，可以为单色，也可以为两色拼接的形式。

适用空间：适合用于整体空间色彩比较丰富的空间，降低多色彩的污染，避免混乱感。适合风格：现代风格、简欧风格、北欧风格等。

（2）几何纹样

样式：常见的有回纹、菱形纹、格纹、条纹等。

适合风格：回纹图案常用于中式窗帘，有福寿绵长的寓意；菱形纹具备均衡的线面造型，在现代类风格较常见。格纹和条纹既适合自然风格，也适合现代类风格，同时条纹窗帘还具备延展空间高度的作用。

（3）花草纹样

样式： 常见的有佩斯利图案、莫里斯图案、大马士革图案、卷草纹、团花图案、碎花图案等。

适合风格： 佩斯利图案、莫里斯图案、大马士革图案是典型的欧式风格图案，因此常出现在欧式风格的窗帘之中；卷草纹、团花属于中式窗帘纹样，但卷草纹也会出现在欧式窗帘之中。碎花图案的窗帘则是田园风格的最爱。

2.常见面料

纯棉： 材质柔软、舒适、透气性能好，但面料色牢度略差，水洗后容易缩水。

麻质： 相对于纯棉布料更显平整，富有弹性，且吸湿、散热性强。但不易上色、垂性差的缺陷。

纱质： 装饰性强，透光性能好，能增强室内的纵深感，一般适合用在客厅或阳台。但遮光能力弱，不适合用于卧室。

丝质： 轻薄飘逸、色调柔和、光泽度高，装饰效果很强；缺点依然为色牢度不强，会缩水，且价格略贵。

雪尼尔： 表面的花形有凹凸感，立体感强，整体看起来高档、华丽，在家居环境中拥有极佳的装饰性，可以令居室体现出典雅、高贵的气质。

3.用量计算

宽度的精确用料计算方法： 初步测定窗帘用量尺寸之后，需以该数据为基准加上窗帘面料的褶皱量，因为窗帘成品并非平片状，而带有些许波浪状起伏皱褶，以保证美观度。这个皱褶的量一般简称褶量，常见的有2倍褶量（稍微带有起伏感）以及3倍褶量（带有较明显的起伏量）。

例如，窗框宽度为2m，需保证3倍的褶量，两侧预留宽度为15cm，其宽度用量的基本方法为（15cm×2）+（200cm×3），此外，还需加上窗帘两分片两侧卷边收口的用量。

高度的精确用料计算方法： 窗户的窗帘杆一般安装在距离窗框上方15~25cm处，若制作穿孔式窗帘，测量位置应从帘杆上沿一直到距离地面上方1~2cm处；若制作挂钩式窗帘，测量位置则应从挂钩底部一直到距离地面上方1~2cm处。此外，还要加上窗帘面料上下两侧卷边收口的用量，为了美观，窗帘下侧还有10~12cm折入的缝隙。

4.设计搭配

（1）根据空间大小选择适合的窗帘款式和花色

小空间：款式宜简洁、大气；并应选择较小花型，令人感到温馨、恬静，且会使空间感觉有所扩大；但最保险的方式为选择纯色窗帘。

大空间：可采用精致、气派或具有华丽感的样式；并可选择较大花型，给人强烈的视觉冲击力。

▲空间面积较小，窗帘款式为纯色麻质，显得利落而干净

▲空间面积大，窗帘选用带有帘头的款式，极具装饰效果

（2）窗帘纹样与其他软装的搭配形式

窗帘纹样与空间中其他软装个体，如墙纸、床品、家具面料等的纹样相同或相近，能使窗帘更好地融入整体环境中，营造出和谐一体的同化感。若窗帘与其他软装个体的色彩相同或相近，但纹样存在差异化，则既能突出空间的层次感，又能产生呼应的协调性。

◄窗帘与单人沙发、抱枕等软装的色相相近，但图案存在差异化，呼应的同时又具有变化

（3）结合窗型选择适合的窗帘款式

高而窄的窗户： 选长度刚过窗台的短帘，并向两侧延伸过窗框，尽量暴露最大的窗幅。窗幔尽可能避免繁复的水波设计，以免制造臃肿与局促之感。纹样上尽量选择横向，能够拉宽视觉效果。

宽而短的窗户： 选长帘、高帘，让窗幔紧贴窗框，遮掩窗框宽。如果这种窗户在餐厅或厨房位置，可以考虑在窗帘里加做一层半窗式的小遮帘，以增加生活的趣味性。

飘窗： 功能性飘窗以上下开启的窗帘款式为上选，如罗马帘、气球帘、奥地利帘等。此类窗帘开启灵活，安装位置小，能节约出更多的使用空间。若飘窗较宽，可以做几幅单独的窗帘组合成一组，并使用连续的帘盒或大型花式帘头将各幅窗帘连成整体。若飘窗较小，则可以采用有弯度的帘轨配合窗户形状。

转角窗： 常出现在书房、儿童房或阳台之中。转角窗通常会将窗帘分成若干幅，且要定制窗帘杆。另外，也可以根据窗帘尺寸做几幅独立的上下开关式的窗帘或卷帘，这种方式造价便宜，但有可能造成窗帘之间留有缝隙。

落地窗： 以平开帘或水波帘为主。如果是多边形落地窗，窗幔设计以连续性打褶为首选，能非常好地将几个面连贯在一起，避免水波造型分布不均的弊端。

挑高窗： 从顶部到地面为5~6m，上下窗通常合为一体，多出现在别墅中。窗帘款式应体验大气磅礴、层次丰富之感，搭配窗幔效果更佳。因为窗户较高，因此适合安装电动轨道。

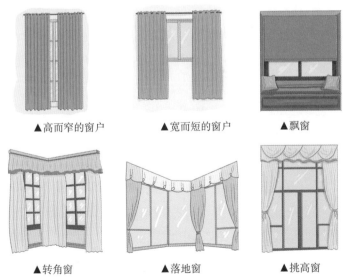

▲高而窄的窗户　　▲宽而短的窗户　　▲飘窗

▲转角窗　　▲落地窗　　▲挑高窗

04

地毯：
提升家居亮点的装饰品

　　地毯是以棉、麻、毛、丝、草等天然纤维或化学合成纤维为原料，经手工或机械工艺进行编结、栽绒或纺织而成的地面铺设物，也是世界范围内具有悠久历史传统的工艺美术品之一。地毯在中国已有2000多年的历史，最初地毯用来铺地御寒，随着工艺的发展，成为高级装饰品，它能够隔热、防潮，具有较高的舒适感，同时兼具美观的观赏效果。

1.常见材质

　　羊毛地毯：以羊毛为主要原料，毛质细密；具有天然的弹性，受压后能很快恢复原状；不带静电，不易吸尘土，具有天然的阻燃性。

　　混纺地毯：掺有合成纤维，价格较低；花色、质感和手感与羊毛地毯差别不大，但克服了羊毛地毯不耐虫蛀的缺点；具有更高的耐磨性，有吸音、保湿、弹性好、脚感好的优点。

　　化纤地毯：也叫合成纤维地毯，如丙纶化纤地毯、尼龙地毯等；用簇绒法或机织法将合成纤维制成面层，再与麻布底层缝合而成；耐磨性好并且富有弹性，价格较低。

　　纯棉地毯：分平织、线毯等种类，性价比高，脚感舒适；便于清洁，可直接放入洗衣机清洗；有加底和无底两种类型，加底主要起防滑作用；客厅、卧室、书房可采用无底纯棉地毯；餐厅、卫浴、玄关可选用加底纯棉地毯。

　　簇绒地毯：使用簇绒机机针上下往复运用，将绒纱刺入基布，形成U形绒簇，再于底背涂胶固定绒簇黏合底布而成；外观丰满、富有弹性、价格便宜，但品种较少。

塑料地毯：质地柔软，色彩鲜艳，舒适耐用，不易燃烧且可自熄，不怕湿；经常用于浴室，起防滑作用。

草织地毯：主要由草、麻、玉米皮等材料加工漂白后纺织而成；乡土气息浓厚，适合夏季铺设。但易脏、不易保养，经常下雨的潮湿地区不宜使用。

动物皮毛地毯：由整块毛皮制成的地毯，最常见的是牛皮地毯，分天然和印染两类；脚感柔软舒适，保暖性佳；装饰效果突出，具有奢华感，能够增添浪漫色彩；价格较高，不易打理；适合用于客厅、卧室、书房。

2.设计搭配

（1）根据家居空间选择合适的地毯

开放式空间：可挑选一块大地毯铺在会客区，空间布局一目了然。

面积较大的房间：可将两块或多块地毯压角铺设，会为空间带去更多变化。

面积较小的空间：适合格纹地毯，可以有效使空间产生扩张感。

▲开放式空间

（2）利用地毯调整缺陷空间

挑高空旷的空间：地毯可以不受面积的制约而有更多变化，合理搭配一款适宜的地毯能弥补大空间的空旷缺陷。在沙发区域通铺长绒地毯，能起到收缩面积，降低房高的视觉效果。

狭长空间：可以铺一条带有横向条纹的地毯，能够有效拓宽视觉。

▲面积较大的房间

▲面积较小的空间

05

抱枕：
活跃视觉的小单品

　　抱枕是家居生活中的常见用品，抱在怀中可以起到保暖作用，也逐渐成为家中不可或缺的装饰品。抱枕套的材质大多为各种布艺，形态也十分多样，方形、圆形、糖果形、动物形等，可根据需求选择。

1.常见摆放形式

 3+1 不对称法

◎这种摆放方式比较活泼，具有富有变化但又不容易显得凌乱的优点
◎当抱枕所在背景和抱枕颜色较素净时，可采用此种摆放方式，增添活跃感

对称法

◎在将要摆放抱枕的场所上找一条中线，左右两侧抱枕成对称式摆放
◎这种摆放方式最简单大气，不容易出错
◎选择抱枕时，除了数量和大小外，色彩和款式也应尽量选择平衡对称

远大近小法		◎当摆放场所进深较深时，只有一层靠枕难以满足倚靠的舒适度，此时可采用多层式摆放，从内向外多摆放几层靠枕 ◎里层靠枕尺寸应大一些，越向外越小
大小搭配法		◎将大抱枕放在沙发左右两端，小抱枕放在沙发中间 ◎可营造出和谐、舒适的视觉效果 ◎从实用角度考虑，大抱枕放在沙发两侧边角处，可以解决沙发两侧坐感欠佳的问题；将小抱枕放在中间，则是为了避免占据太大的沙发空间

2.设计搭配

（1）根据家居主色确定抱枕色彩

假如客厅色彩丰富，最好选择颜色、风格统一的抱枕，这样不会显得杂乱；如果客厅色调单一又希望有亮点，可以使用鲜艳颜色的抱枕作为点缀。

（2）将软装色彩沿用到抱枕之中

抱枕色彩需要和空间中其他软装的色彩搭配。如果家中花卉植物较多，抱枕的色彩图案可以花哨一些；如果空间中的灯具很精致，可以按照灯具颜色选择抱枕；也可以根据地毯选择抱枕，使其两者的色调一致。

▲抱枕的图案、色彩与地毯同属于一系列，整个沙发区的设置十分和谐

（3）以一个抱枕色彩为基准，展开抱枕配色的方法

先确定一个纯色抱枕，以此作为配色基准，串联其他抱枕的颜色和图案。不管接下来选择何种图案的抱枕，其中某一图案的颜色必须为第一个抱枕中的纯色。当继续选择第三个抱枕时，图案可以更加复杂，但同样上面的某一色彩必须和第一个抱枕互相呼应。

▲灰色抱枕取色于沙发，其他抱枕则由其展开配色及图案，丰富不乏延续

06

床品：
生活品质的形象"代言人"

床品即床上用品，除了与人们的睡眠休戚相关，还能够体现居住者的身份、爱好和品位。另外，根据季节更换不同颜色和花纹的床上用品，可以很快地改变居室的整体氛围。

1.常见面料

纯棉织物	
优点： 保暖、吸湿、透气、耐磨擦、柔软、舒适	
缺点： 弹性较差，缩水率在 3%~10%，如洗涤不注意，容易变形	
保养： 耐碱性强，可用各种肥皂液洗涤。水温控制在 35℃以下，不宜长时间在洗涤剂中浸泡，以防褪色；熨烫时，温度在 120℃以下	

麻类织物	
优点： 吸湿、散湿速度快，凉爽，舒适，不易吸附尘埃	
缺点： 缺乏弹性和光泽，整齐度较差	
保养： 可用各种洗涤剂洗涤，水温控制在 30℃以下；浸泡 20min 后，用手轻搓，不宜用搓板搓揉。洗净后，切忌用力拧干；熨烫时，温度在 150℃以下	

真丝织物	
优点： 纤维细而柔软，平滑富有弹性，光泽好、吸湿、透气	
缺点： 耐碱性弱，耐日光性差，对盐的抵抗力较差，易缩水约 5%，易起褶皱	
保养： 用中性皂液，也可在水中加少许食醋，可增加光艳度；水温冷却后将其全部浸渍，再轻轻挂洗，用清水漂净，双手合压织物；其耐日光差，晾晒时应将反面向外，置于阴凉处	

面料的鉴别方法

纤维	近焰现象	离焰以后	离焰以后	气味	灰烬
棉	近焰即燃	燃烧	续燃余灰	烧纸味	灰烬极少、柔软、黑灰色
毛	熔离火焰	熔并燃	难续燃自熄	烧毛味	易碎、脆、蓬松、黑色
丝	熔离火焰	有丝丝声	难续燃自熄	烧毛味	易碎、脆、蓬松、黑色
涤纶	近焰熔缩	滴落	起泡、续燃	弱香味	硬圆、黑色、淡褐色

2.设计搭配

（1）床品选择应与家居主题一致

根据家居主题尤其是卧室的具体氛围来选择床品，会达到事半功倍的效果。花卉、圆点等图案的床品配自然风格十分恰当；粉色主题的床品会使浪漫型卧室更浓情；抽象图案则更适宜简洁的卧室风格。

（2）床品的选择要与床头景致形成呼应

现代睡床的床头造型丰富，在选择床品时，应关注一下床头，如能搭调，睡眠区会更加完美。另外，选择时不要忘记查看床品配件，如靠枕等造型是否与床头造型相协调。

（3）床品可以与窗帘等软装饰同款

选择与窗帘、沙发罩或沙发靠包等软装饰相一致的面料作床品，形成"我中有你""你中有我"的空间氛围。需要注意的是，此种搭配更适用于墙壁、家具为纯色的卧室，否则会形成杂乱的视觉观感。

▲床品的色彩与背景墙呼应，菱格的图案与床头线条相近，给人简约质感

07

蒙饰类布艺：
一块布遮百"丑"

想改变家居的氛围，又不想大动干戈，那么可以尝试给家具"换换衣服"。蒙饰类的布艺可以直接覆盖在家具上，从而改变原本家具的色彩和图案，看上去可以有焕然一新的感觉。

1.桌布与桌旗

（1）常规尺寸

1）桌布尺寸

圆桌桌布尺寸：直径+下垂30cm。例如，桌子直径为90cm，则可使用150cm 直径的圆形桌布，也可使用150cm×150cm 左右的方形桌布。

方桌桌布尺寸：四周适宜下垂15~35cm，选择方法为（桌布长度-桌子长度）÷2= 垂边长度。

茶几桌布尺寸：茶几一般高45~50cm 左右，因此茶几布不能太大，垂边也不宜太多，四周或两边下垂的尺寸保证在15cm 左右。例如，茶几尺寸为60cm×120cm，茶几桌布的尺寸可选择90cm×150cm 或60cm×150cm。

2）桌旗尺寸

长方形餐桌通常最多用到桌旗，桌旗铺在桌上会留有部分悬挂在桌边，布置时需了解下垂的黄金比例。例如，1.5m的餐桌，桌旗下垂25cm；1.4m的餐桌，桌旗下垂30cm；1.3m的餐桌，桌旗下垂35cm；1.2m的餐桌，桌旗下垂40cm。

（2）设计搭配

1）根据背景墙色彩确定桌布颜色

在挑选桌布时，应考虑餐厅背景墙的色彩。可以选择和背景墙面色相相同的桌布，但通过明度和花纹的变化令空间显得更加生动；若背景墙的色彩本身比较丰富，则桌布的色彩就应素雅一些，花纹也不宜过于复杂，简单的波点图案、条纹图案即可。

▲桌布色彩素雅，避免和色彩丰富的背景墙相撞

2）根据桌布色彩确定桌旗颜色

单色桌布：考虑用带有花纹的桌旗增加色彩，否则整体空间会显得过于单一化；而花纹桌旗会使餐桌有层次分明之感。

素雅色彩的桌布：可以搭配同样拥有素雅花纹的桌旗，令空间显得沉稳。

艳丽色彩的桌布：桌旗选择相反颜色的撞色，会令整个空间更加出彩。

___// ⚘ 布置禁忌 //___

如果桌布上各种色彩和图案混搭，已经令人目不暇接，就不再适合搭配同样鲜艳的桌旗，会产生层次不清的问题。这时不妨选用素雅花纹的桌布，可以化解视觉上的杂乱。

▲单色桌布适合搭配有花纹的桌旗

▲色彩与图案混搭的桌布适合搭配素
雅花纹的桌旗

2.座套与盖巾

（1）常见分类

常见分类

沙发罩　沙发盖巾　茶几布　边几盖布　电视罩巾　空调罩巾　冰箱盖巾　微波炉盖巾　连体式餐椅罩　分体式餐椅罩

（2）设计搭配

1）餐椅套的色彩可以调节空间氛围

在家居空间中，餐椅套十分常见，一般和坐垫成套搭配，也会考虑桌布的色彩和图案。餐椅套的色彩能够调节室内气氛，例如，室内总体色调简洁、单一时，可采用纯度高的鲜艳色彩，用以活跃气氛；而简洁、高级的灰色椅套则十分百搭，在色调较鲜艳、丰富的室内，可以平衡色彩；在素雅的室内，融合感较强。

▲灰蓝色系座椅套与整体空间的简约基调相契合

2）沙发盖巾具有多样化的实用功能

沙发盖巾的形式多样，可以根据家居风格选择图案和材质，例如，唯美型空间可选用蕾丝盖巾，温馨型家居可选用暖色调的纯棉材质盖巾。另外，沙发盖巾还可以用于旧物改造。例如，二手房中的沙发框架完好，只是表面脏污、破损，则可以定制座套或购买一体成型的座套进行美化，再覆盖上沙发盖巾即可。

08

墙饰：
美感居室不可或缺的点睛之物

墙面挂饰可以令原本空白的墙面变得引人注目，起到美化空间的作用。墙面挂饰的种类较多，最常见的有装饰画、装饰镜等，在具体运用时，应根据空间大小进行尺寸选择，切忌只为单品美观，而忽略和整体空间的协调性。

1.装饰画

（1）常见悬挂形式

1）面积小和面积大的墙面均可使用的悬挂方式

▲单幅悬挂　　　▲对称式悬挂　　　　　　　▲重复式悬挂

2）适合面积较大的墙面的悬挂方式

▲方框线式悬挂　　　▲水平线式悬挂　　　▲建筑结构式悬挂

（2）悬挂适宜高度及间距

适宜高度： 挂画的中心点略高于人平视时的视平线，即需要稍微抬一点下巴看到挂画、欣赏挂画。不管是一幅画，还是两幅画，抑或组合画，都需找到整组画的中心点，计算挂画左右高度、上下高度。

适宜间距： 画框与画框之间的距离为5cm 较佳，太近显得拥挤，太远会形成两个视觉焦点，整体性大大降低。

（3）设计搭配

装饰画搭配最好选择同种风格

室内装饰画最好选择同种风格，在一个空间环境里形成一两个视觉点即可。如果同时要安排几幅画，必须考虑之间的整体性，要求画面是同一艺术风格，画框是同一款式，或者相同的外框尺寸，使人们在视觉上不会感到散乱。也可以偶尔使用一两幅风格截然不同的装饰画做点缀，但如果装饰画特别显眼，同时风格十分明显，最好按其风格来搭配家具、靠垫等。

▲装饰画的种类最好统一，色彩与家具有所呼应

2.工艺挂件

（1）常见形态

几何形态挂件

◎最常见圆形挂件，一般常成组出现，也往往会将一些自然图案与圆形结合，如中式风格中常出现拟态山水与圆环的组合

动物形态挂件

◎其中以鹿头、牛头、马头装饰最为常见，常出现在北欧风格、乡村风格以及工业风格之中

植物形态挂件

◎根据室内风格不同，其选择也呈差异化特征；如莲叶形态可用于新中式、东南亚风格；而自然风格类的家居则常将花材与花器结合，再固定在木板上

储物装饰类挂件

◎比较常见的有网格架、洞洞板、水管装饰等，既有装饰功能，也可以结合其他元素体现置物功能

（2）设计搭配

1）墙面挂件切忌过满，应注意留白

虽然墙面挂件的主要作用为装饰，但在设计时，切忌运用过度，要着重注意留白跟意境，最好与空间中的其他软装元素在风格、色彩、形态或材质上保持统一，才能令整个空间产生连贯性。

2）墙面挂饰应根据家居风格有所区分

墙面挂饰根据室内风格应有所区分。例如，偏现代风格的居室，大多选择几何形态、金属材质的挂饰；若想体现自然风格，不仅材质上宜选择带有温润质感的织物类挂饰，形态上运用自然元素则更能体现其风格特征，排列形式也可以适当自由化；在中式风格、东南亚风格、日式风格这类具有强烈东方民族气韵的居室内，墙面挂饰则更注重层次感，且需要运用能够体现民族特征的装饰元素挂件。

▲中式风格的墙面挂饰造型简洁，但充满韵味

▲偏现代风格的卧室使用金属材质的墙饰更有个性感

09

摆件：
家居环境中的点睛装饰

工艺摆件是通过手工或机器将原料或半成品加工而成的产品，是对一组或几组艺术品的总称。工艺品来源于生活，又创造了高于生活的价值。在家居中运用工艺品进行装饰时，要注意不宜过多，只有摆放得当、恰到好处，才能拥有良好的装饰效果。

1.常见材质

玻璃工艺品：造型和色彩可选择性较多，具有创造性和艺术性，最适合现代风格，其他风格均可。

水晶工艺品：晶莹通透、高贵雅致，具有较高的欣赏价值和收藏价值；适合现代风格、简欧风格。

树脂工艺品：造型多样、形象逼真，广泛涉及人物、动物、昆虫、山水等；材质有仿金属、仿水晶、仿玛瑙等。

玉石工艺品：以佛像、动物和山水为主，多带有中国特有的美好含义或寓意，大部分都带有木质底座。

木雕工艺品：木质坚韧、纹理细密、原料不同，色泽不一；种类多样，适合中式及自然类风格。

编织工艺品：天然、朴素、简练，颜色较少，多数为中性色；好搭配，经济实用；适用于田园风格、东南亚风格。

陶瓷工艺品：款式繁多，主要以人物、动物或瓶件为主；具有柔和、温润的质感，适合各种风格的居室。

铁艺工艺品：做工精致，设计美观大方；具有代表性的工艺品为铁皮娃娃，以及铁艺花盒。

铜质工艺品：包括青铜、紫铜和黄铜，现代工艺品常见黄铜制品，十分精美，品质较高，常见北欧风格。

不锈钢工艺品：属于特殊的金属工艺品，比较结实，质地坚硬，耐氧化，无污染，对人体无害，属于绿色工艺品。

锡器工艺品：工艺品栩栩如生，具有优美的金属色泽，也具有良好的延展性和加工性能。

布艺工艺品：造型柔软，可柔化室内空间的线条，常用于儿童。

2.设计搭配

（1）对称平衡摆设制造韵律感

将两个样式相同或类似的工艺品并列、对称、平衡地摆放在一起，不但可以制造出和谐的韵律感，还可以使其成为空间视觉焦点的一部分。

（2）摆放时要注意层次分明

摆放家居工艺饰品要遵循前小后大、层次分明的法则。例如，把小件饰品放在前排，大件装饰品放在后置位，可以更好地突出每个工艺品的特色。也可以尝试将工艺品斜放，这样的摆放形式比正放效果更佳。

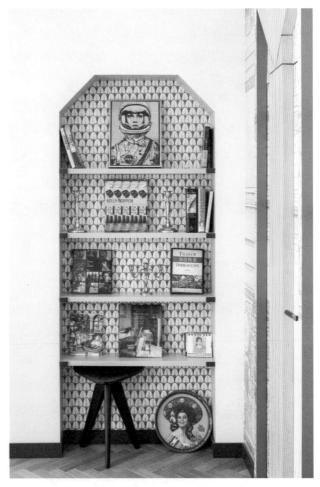

▲饰品的层次错落有致，为空间带来韵律感

（3）同类风格的工艺品摆放在一起

家居工艺品摆放之前最好按照不同风格分类，再将同一类风格的饰品进行摆放。在同一件家具上，工艺品风格最好不要超过三种。如果是成套家具，则最好采用相同风格的工艺品，可以形成协调的居室环境。

▲工艺品的色彩分明，形成视觉冲击，但又不超过三种类别，不会显得赘余、杂乱

（4）工艺品与灯光相搭配更适合

工艺品摆设要注意照明，有时可用背光或色块作背景，也利用射灯照明增强其展示效果。灯光颜色的不同、投射方向的变化，可以表现出工艺品的不同特质。暖色灯光能表现柔美、温馨的感觉；玻璃、水晶制品选用冷色灯光，则更能体现晶莹剔透、纯净无瑕。

▲工艺品结合灯光设计，可以呈现出更加多样化的层次感

10

装饰花艺：
角落空间中的"小确幸"

　　装饰花艺是指将剪切下来的植物的枝、叶、花、果作为素材，经过一定的技术（修剪、整枝、弯曲等）和艺术（构思、造型、配色等）加工，重新配置成一件精致完美、富有诗情画意、能再现大自然美和生活美的花卉艺术品。花艺设计包含了雕塑、绘画等造型艺术的基本特征。

1.常见种类

按常见花艺风格划分

东方花艺	西方花艺
◎以中国和日本为代表，着重表现自然姿态美	◎也称欧式插花，总体注重花材外形，追求块面和群体的艺术魅力
◎花枝少，着重表现自然姿态美，多采用浅、淡色彩，以优雅见长	◎花材种类多，用量大，追求繁盛的视觉效果
◎造型多运用青枝、绿叶来勾线、衬托，色彩以简洁清新为主室	◎色彩浓厚、浓艳，创造出热烈的气氛，具有富贵豪华的气氛，且对比强烈

2.设计搭配

（1）花艺色彩与家居色彩要相宜

若空间环境色较深，花艺色彩以选择淡雅为宜；若空间环境色简洁明亮，花艺色彩则可以用得浓郁、鲜艳一些。另外，花艺色彩还可以根据季节变化来运用，最简单的方法为使用当季花卉作为主花材。

▲客厅家具和装饰画的色彩较重，色彩清雅的花艺搭配玻璃花瓶，可提升空间的通透感

（2）花卉与花器的配色可对比、可调和

花卉与容器之间的色彩搭配主要可以两方面进行：一是采用对比色组合；二是采用调和色组合。对比配色有明度对比、色相对比、冷暖对比等，可以增添居室的活力。运用调和色来处理花材与器皿的关系，能使人产生轻松、舒适感；方法是采用色相相同而深浅不同的颜色处理花与器的色彩关系，也可采用同类色和近似色。

▲调和色组合

▲对比色组合

11

绿植：
营造有氧空间的清新剂

花木绿植能够令整个家居环境变得鲜活起来，无论是轻简的北欧风、禅寂的日式风、幽深的新中式风，还是清新的田园风，都可以利用一片新绿来彰显主人的偏好与情致。但一花一叶，从形态到功能，皆有个性。因此，植物在不同家居空间中的摆放也是一门大学问。

1.常见摆放方式

壁挂式：预先在墙上设置局部凹凸不平的墙面壁洞，供放置盆栽植物；或砌种植槽，然后种上攀附植物，使其沿墙面生长，形成室内局部绿色空间。

吊挂式：在窗前、墙角、家具旁吊放有一定体量的阴生悬垂植物，可改善室内人工建筑的生硬线条，营造生动、活泼的空间立体美感。

　　栽植式：其多用于室内花园及室内大厅等有充足空间的场所。栽植时，多采用自然式，即平面聚散相依、疏密有致的摆放方式。

　　陈列式：包括点式、线式和片式。点式即将盆栽植物置于桌面、茶几、窗台及墙角，构成绿色视点；线式和片式是将一组盆栽植物摆放成一条线。

　　攀附式：大厅和餐厅等室内某些区域需要分隔时，可采用攀附植物隔离，或运用带某种条形或图案花纹的栅栏再附以攀附植物。

　　迷你型：利用迷你型观叶植物配植在容器内，摆置或悬吊在室内适宜场所。值得注意的是，在布置时要考虑如何与空间内家具、日常用品相搭配。

2.设计搭配

（1）绿植在家居中的摆放不宜过多、过乱

居室内绿化面积最多不得超过居室面积的10%，这样室内才有一种扩大感，否则会使人觉得压抑。另外，在多数普通家居中，高度在1米以上的大型盆栽放置1~2株为宜，置于角落或沙发边；中型盆栽的高度在50~80厘米，根据房间的大小布置1~3盆即可；小型盆栽的高度在50厘米以下，不宜超过7盆，可置于案几、书桌、窗台等处。

▲在长沙发一侧，摆放一盆高而直的绿色植物，能打破沙发的僵直感，产生高低变化的节奏感

（2）植物与空间的搭配原则

植物与环境色调的协调搭配：若空间的环境色调浓重，则植物色调应浅淡些；若空间的环境色调淡雅，植物的选择性相对广泛一些，叶色深绿、叶形硕大和小巧玲珑、色调柔和的都可兼用。

植物与空间层高的协调搭配：植物还能有效规避空间的既有瑕疵。例如，常春藤等枝蔓低垂的植物可以降低挑高空间所带来的疏离感；较低矮的房间则可利用植株较高的仙人掌、观叶植物来增加垂直空间感。

第3章

用软装定位家居风格，展现家的不同风貌

软装是室内风格设计中非常重要的环节，很大程度上决定了家居风格的走向，同时也可以体现出空间的格调与氛围。要想出色地完成不同家居风格的软装搭配，需要学会对色彩、质感、元素等方面的把控，并通过软装配饰设计的不断调整，最终完成整体空间的艺术效果。

01

极简风格：
简洁、直白，不求多，只要"精"

　　极简风格是一种将简单做到极致的美，它始终遵循着"少即是多"的黄金法则。无需华丽的色彩去渲染，也无需繁杂的元素去堆砌，让设计回归纯粹的本质，就能营造出一个自然舒适的空间氛围。

1.软装要点

色彩：黑色、白色和灰色是最常见的色彩，其中也会少量出现其他颜色，但不能过于鲜艳。

材质：金属、玻璃等新型的材质都可以使用，传统的布艺、板材也比较常见。

图案：纯色和横平竖直的线条是最佳搭配。竖条纹、波点这类简洁的图案也可运用，但一般来说，色彩不宜绚烂。

2.常用软装元素

（1）家具

极简风格的家具通常造型简洁，线条较为简单，无论是客厅、餐厅，还是卧室、书房等空间中的家具均以直线为主，少见曲线。同时，家具强调功能性，多功能家具十分常见。这类家具为生活提供了便利，其功能性也大大提升了空间使用率，非常适合小户型家居。

▲低矮家具

▲直线条家具

▲多功能家具

▲折叠家具

（2）布艺

极简风格的布艺不宜花纹过于繁复以及颜色过深。通常比较适合一些浅色，并且带有简单、大方的图形和线条的装饰类型。

▲整个空间的布艺仅有地毯带有图案，并且是线条图案，整体很有简约的味道，可以减少单调感

（3）装饰品

极简风格虽然要遵循极简的装饰理念，但并不意味不需要装饰品。由于简约风格在色彩和造型上都极其简洁，因此，装饰品反而是最能提升空间格调的元素。但在选择上，仍需注意不要打破空间整体素雅的氛围。

▲黑白灰为主色的装饰画让白色的墙面看上去不至于很空，黑白色的选择又不会破坏卧室本身的简约感

（4）灯具

　　极简风格中最常见造型简洁的灯具，像华丽、繁复的水晶吊灯，就不常出现。另外，极简风格也常在吊顶、背景墙上做灯槽设计，利用光影变化改善空间过于单调的问题。

▲黑色落地灯可以说是客厅的亮点所在，顶部使用内嵌筒灯可以使空间上部看起来很干净

▲球形壁灯

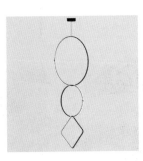

▲几何吊灯

▲圆形吊灯

▲木质圆盘壁灯

02

北欧风格：
天然去雕饰，还原家的本质

北欧风格以简洁著称于世，崇尚极简主义，注重流畅的线条设计。北欧设计既注重设计的实用功能，又强调设计中的人文因素，同时避免过于刻板的几何造型或者过分装饰，恰当运用自然材料并突出自身特点，开创一种富有"人情味"的现代设计美学。在北欧设计中，崇尚自然的观念比较突出，从室内空间设计到家具的选择，北欧风格都十分注重对本地自然材料的运用。

1.软装要点

色彩：常使用黑、白、灰作为主色调。除此之外，也多使用中性色、蓝色、黄色等色彩。

材质：常用的材料主要有木材、石材、玻璃和铁艺等。

图案：图案特色大多体现在壁纸和布艺织物上，往往为简练的几何图案，极少会出现繁复的花纹，常见的图案包括棋格、三角形、箭头、菱形花纹等。

2.常用软装元素

（1）家具

北欧家具一般比较低矮，以板式家具为主，材质上选用桦木、枫木、橡木、松木等不曾精加工的木料，尽量不破坏原本的质感。另外，"以人为本"也是北欧家具设计的精髓。北欧家具不仅追求造型美，更注重从人体结构出发，讲究它的曲线如何在与人体接触时达到完美的结合。

▲板式原木家具

▲伊姆斯椅

▲符合人体工学的家具

▲布艺＋木框架沙发

（2）布艺

在布艺的选择上，北欧风格偏爱柔软、质朴的纱麻制品，如窗帘、桌布等都力求体现出素洁、天然的面貌。北欧风格的地毯和抱枕，则偏重用图案和色彩来表现风格特征，常见的有灰白、白黑格子图案，黄色波浪图案，粉蓝相间的几何图案等。

▲客厅软装主要为灰色和蓝色，颜色相近的几何图案地毯和抱枕，丰富空间线条的同时又不会太突兀

（3）装饰品

北欧风格的装饰非常注重个人品位和个性化格调，饰品不会很多，但很精致。虽然北欧风格的家居在装饰上往往比较简洁，但是鲜花、干花、绿植却是北欧家居中经常出现的装饰物。这不仅契合了北欧家居追求自然的理念，也可以令家居容颜更加清爽。

▲通透的卧室用大面积白色作为空间色彩，绿植清新的色彩则为室内注入了生机

（4）灯具

北欧风格的灯具和其风格特征一样，注重简洁的造型感，一般不会过于花哨，力求用本身的色彩和流线来吸引人的目光。常见的灯具有魔豆灯、鱼线灯等；另外，北欧神话中的六芒星、八芒星，这种具有浪漫、神秘色彩的造型，也会出现在灯具设计中。

▲开放式厨房及餐厅以吊灯区分主次，看上去更有质感

▲枝形分子灯

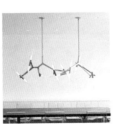

▲树杈吊灯

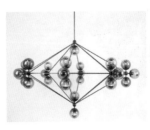

▲魔豆灯

▲ PH 灯

03

工业风格：打破传统，硬朗的既视感

　　百年前的工业革命创造了人类前所未有的文明，许多当时兴建的工业厂房，现今已经成为工业遗址，而这种怀旧风潮已经越来越多地沿用到室内装修中，反映出人们对无拘无束的向往和对品质的追求。

1.软装要点

色彩：工业风格中常用到黑白灰、棕色和红砖色。

材质：金属特有的冷硬感，再加入机械特色，尽显独特个性，可以增强视觉效果。

图案：几何图形、不规则图案的出现频率较高；另外，怪诞、夸张的图形也常出现。

2.常用软装元素

（1）家具

塑造工业风格，金属家具最有代表性，造型简约的金属框架家具可以为空间带来冷静的感受。另外，以金属水管为结构制成的家具最能体现工业风格，如果家中已经完成所有装潢，无法打掉墙面露出的管线，那么金属家具会是不错的替代方案。但是，由于金属过于冷调，可以将金属家具与做旧的木质或皮质家具做混搭，既能保留空间温度，又不失粗犷感。

▲皮质沙发

▲做旧木家具

▲铁艺置物架

▲ tolix 金属椅

（2）布艺

工业风格家居中，布艺的色彩需同样遵循冷调感。材质方面，仿动物皮毛的地毯十分常见，而斑马纹、豹纹则是常见的图案类型。

▶书桌下的兽纹地毯打造出粗犷、豪放的空间氛围

（3）装饰品

工业风不刻意隐藏各种水电管线，而是透过位置的安排以及颜色的配合，将它们化为室内的视觉元素之一。这种颠覆传统的装潢方式往往也是最吸引人之处。而各种水管造型的装饰，如墙面搁板书架、水管造型摆件等，同样最能体现风格特征。

▲身边的陈旧物品，如旧皮箱、旧自行车、旧风扇等，在工业风格的空间陈列中拥有了新生命

（4）灯具

由于多数工业风空间色调偏暗，为了缓和暗沉感，可以局部采用点光源的照明形式，如 复古的工矿灯、筒灯等。另外，金属骨架及双关节灯具是最容易创造工业风格的物件，而裸露灯泡也是必备品。

▲金属感的吊灯造型个性，也是工业风格空间氛围的营造者之一

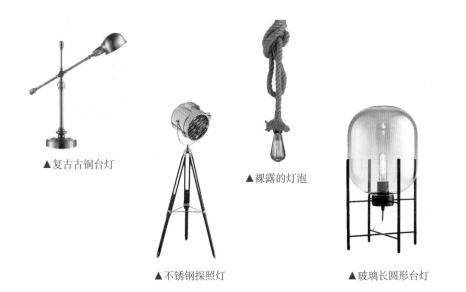

▲复古古铜台灯

▲裸露的灯泡

▲不锈钢探照灯

▲玻璃长圆形台灯

04

日式风格：
平和、温馨，充满治愈气息

　　日式风格又称和风、和式，给人一种特别简洁的感觉。在家居设计时，一般也延续这一特点，没有过于繁琐的装饰，更讲求的是空间的流动性。

1.软装要点

色彩：色彩多偏重浅木色，可以令家居环境更显干净、明亮。同时，也会出现蓝色、红色等点缀色彩，但以浊色调为主。

材质：多为自然界的原材料，如木质、竹质、纸质、藤质的天然绿色建材被广泛应用。

图案：常见樱花、浅淡水墨画等用于墙面装饰，十分具有日式特色。而在布艺中，则常见日式和风花纹，令家居环境体现出唯美意境。

2.常用软装元素

（1）家具

日式家具低矮且体量不大，布置时的运用数量也较为节制，力求保证原始空间的宽敞、明亮感。另外，带有日式本土特色的家具，如榻榻米、日式茶桌等，大多材质自然、工艺精良，体现出对品质的高度追求。

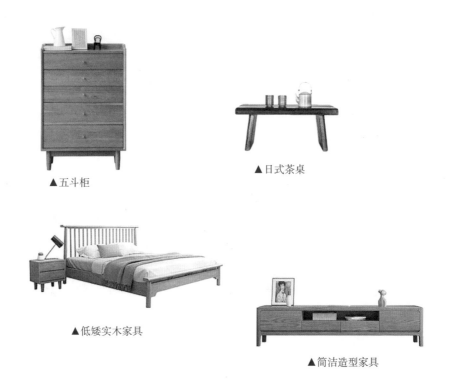

▲五斗柜

▲日式茶桌

▲低矮实木家具

▲简洁造型家具

（2）布艺

传统的日本布艺多用深蓝色、米色、白色等，且带有日本特色图案。另外，日本布艺少有繁琐的花边、褶皱等设计。

▲抱枕上的竹节图案很有古朴自然的质感，简洁的格纹床品也显得简单大方

▲常见传统日式纹样

（3）装饰品

日式风格的家居中装饰品虽然不多，但要求能够体现出独有的风格特征。像招财猫、和风锦鲤装饰、和服人偶工艺品、浮世绘装饰画等，都是典型的日式装饰。另外，在日式风格的家居中，还会有一种较常见的装饰，即蒲团+茶桌+清水烧茶具，体现出浓浓的禅意风情。

▲收纳柜里摆放一些粗陶器作为装饰，体量较小，给人一种悠然轻灵的感觉

（4）灯具

日式灯具既要体现日式风格的精髓，又要透出一丝丝禅意。从外观上说，日式灯具的线条感强，造型讲究，形状以圆形、弧形居多；从灯光颜色来说，光线温和，偏暖黄，给人温暖、安静的感觉。

▶编藤的吊灯质朴自然，看上去也颇具古韵

05

现代美式风格：以"自然"为核心，舒适纯粹

现代美式风格是美国西部乡村生活方式的一种演变，摒弃了过多繁琐与奢华的设计手法，色彩相对传统，家具选择更有包容性，体现出多层次的美式风情，家居环境也更加简洁、随意、年轻化。与美式乡村风格的主要区别在于配色设计和家具造型。

1.软装要点

色彩：美式风格的背景色一般为旧白色，家具的色彩依然延续厚重色调，但装饰品的色彩更为丰富，也常会出现红、白、蓝的搭配。

材质：美式风格追求自然，木材、棉麻是其最常用的软装材质。

图案：要尽量避免出现直线，家具、门窗都圆润可爱，营造美式风格的舒适、惬意。在图案方面，花鸟虫鱼最为常见，体现出浓郁的自然风情。

2.常用软装元素

（1）家具

线条更加简化、平直，但也常见弧形的家具腿部；少有繁复雕花，而是线条更加圆润、流畅。

▲棉麻布艺沙发

▲金属＋玻璃家具

▲简化老虎椅

▲简约木家具

（2）布艺

布艺是美式风格中重要的运用元素，因为布艺的天然感与其能够很好地协调。其中，本色的棉麻是主流，也常见色彩鲜艳、花纹较小的装饰图案。

▲客厅中的大花布艺沙发和抱枕、窗帘在图案上形成呼应，充分显示出美式风格的自然气息

（3）装饰品

美式风格的装饰多样，重视生活的自然舒适性。各种繁复的花卉、盆栽是美式风格中非常重要的运用元素。而像铁艺饰品、自然风光的装饰画等，也是美式空间中常用的物品。

▲小巧的金属摆件随性自然，动物的造型给人一种畅意感

（4）灯具

灯具的材质一般为树脂、铁艺、黄铜等，框架色彩多为黄铜色和黑色。灯具的色调以暖色调为主，能够散发出温馨、柔和的光线，衬托美式家居的自然、拙朴。在造型方面，树枝、鸟兽形态可提升风格特征。

▲铁艺玻璃吊灯造型复古，虽然色彩低调，但放在白色的顶面上能与下面同色系的沙发呼应，空间的整体性更强

▲小鸟造型的吊灯自然可爱，棉麻灯罩有着温馨、质朴的感觉，为空间增添了自然的惬意感

06

新中式风格：
以现代审美打造传统韵味

　　新中式风格在设计上继承了唐、明、清时期家具理念的精华，在提炼古典元素的基础上加入了现代设计元素，摆脱了原来复杂繁琐的设计功能上的缺陷，力求中式的简洁质朴。同时结合各种前卫、现代的元素进行设计，令严肃、沉闷的中式古典风格变得更加赏心悦目。

1.软装要点

色彩：色彩设计有两种形式，一是以黑、白、灰为基调，搭配米色或棕色系作点缀，效果较朴素；另一种是在黑、白、灰基础上以皇家住宅的红、黄、蓝、绿等作为点缀色彩。

材质：往往取材于自然，但也不必拘泥，只要能适当运用材料，即使是玻璃、金属等，一样可以展现新中式风格的韵味。

图案：多采用简洁、硬朗的直线条。搭配梅兰竹菊、花鸟图等彰显文雅气氛。

2.常用软装元素

（1）家具

新中式的家居风格中，庄重繁复的明清家具使用率减少，取而代之的是线条简洁的新中式家具，融入现代化元素，使得家具线条更加圆润流畅。体现了新中式风格既遵循传统美感，又加入现代生活中简洁的理念。

▲线条简练的中式家具

▲简约博古架

▲简练的圈椅

▲屏风

▲坐墩

（2）布艺

新中式家居中的窗帘多为对称设计，且帘头简单。在材质方面，可以选择一些纺丝布艺，既有质感，又能增添空间的现代、时尚氛围。另外，抱枕的选择可以根据整体空间的氛围来确定，如果空间中的中式元素较多，抱枕最好选择纯色；反之，抱枕则可以选择带有中式花纹或花鸟图的纹样。

▲客厅的布艺抱枕、桌旗以及窗帘上都印有传统的中式纹样，非常有古韵感

▲常见传统中式纹样

（3）装饰品

新中式风格在装饰品选择上，与古典中式风格的差异不大，只是更加广泛。如以鸟笼、根雕等为主题的饰品，会给新中式家居营造出休闲、雅致的古典韵味。另外，中式花艺源远流长，可以作为家居中的点睛装饰；但由于中式花艺在家居中的实现具有局限性，因此可以用松、竹、梅花、菊花、牡丹等带有中式传统文化符号的植物，来创造富有中式文化意蕴的家居环境。

▲三棵形态各异的绿植装饰，散发出随性的自然气息，旁边成对的狮子摆设和笔挂装饰，则更加有传统中式的韵味

（4）灯具

新中式家居中的灯具与精雕细琢的中式古典灯具相比，更强调古典和传统文化神韵的再现。图案多为清明上河图、如意图、龙凤、京剧脸谱等中式元素，其装饰多以镂空或雕刻的木材为主，宁静而古朴。

▲客厅沙发背景墙上使用简化线条的仿古壁灯，既能为空间增加中式气韵，又不会过于突兀

07

新法式风格：
完美雕刻精致与优雅

　　新法式风格是一种推崇优雅、高贵和浪漫的室内装饰风格，讲究在自然中点缀，追求色彩和内在的联系。新法式风格往往不求简单的协调，而是崇尚冲突之美。追求贵族的奢华风格，高贵典雅；细节处理上运用了法式廊柱、雕花、线条，制作工艺精细而考究。

1.软装要点

色彩：整体空间最好选择比较低调的色彩，如象牙白、亚金色等简单不抢眼的色彩，软装饰上再用金、紫、蓝、红等点缀。

材质：在材质的运用上，偏重硬木和织锦。

图案：装饰题材多以自然植物为主，使用变化丰富的卷草纹样、蚌壳曲线等。一般尽量避免使用水平直线，力求体现丰富的变化性。

2.常用软装元素

（1）家具

很多新法式风格的家具表面略带雕花，配合扶手和椅腿的弧形曲度，显得更加优雅。在用料上，新法式风格的家具一直沿用樱桃木，极少使用其他木材。

▲弯腿家具

▲尖腿家具

▲描金漆家具

▲硬木雕刻家具

（2）布艺

新法式风格在布艺材质的选用上和简欧风格类似，常运用天鹅绒、锦缎等带有华丽质感的材质。

▲缎面的抱枕绣着繁复的花纹，充满光泽的表面极具精致感；拥有流苏边的罗马帘则更是有法式风情的娇俏与典雅

（3）装饰品

新法式风格的装饰品常会涂上靓丽的色彩或雕琢精美的花纹。这些经过现代工艺雕琢与升华的工艺品，能够体现出法式风格的精美质感。其中，新法式装饰画通常采用油画材质，以著名的历史人物为设计灵感，再加上精雕的金属外框，兼具古典美与高贵感。

▲造型复古又精致的镜框和相框，散发着宫廷般的精致与辉煌，这样的细节处理，给人恰到好处的奢华感

（4）灯具

　　新法式风格灯具可以选择造型较为复杂的样式，细节上可以有鎏金、描银的点缀，风格上可以偏复古感一点。

▶水晶吊灯最能展现新法式风格的精致与优雅，垂坠的水晶吊珠通过光线折射，形成如星辰般闪耀的感觉

▲造型简单的水晶吊灯

▲大理石＋布艺台灯

▲蜡烛壁灯

▲陶瓷台灯

08

现代轻奢风格：
不动声色地流露出高级感

　　对欧式风格加以简约化、质朴化，就是现代轻奢风格。现代轻奢风格整体看上去明亮宽敞，但在细节中也暗藏着精致的奢华。

1.软装要点

色彩：多以淡雅的色彩为主，白色、象牙白、米黄色、淡蓝色等是比较常见的主色。

材质：铁艺是不可缺少的装饰材质，常出现在楼梯栏杆以及铁艺家具中；而像水晶珠串、天鹅绒、金属这类可以体现出一定华贵感的材质也较为常用。

图案：装饰图案常见欧式经典花纹。

2.常用软装元素

（1）家具

家具的选择上保留了传统材质和色彩的大致风格，同时又摒弃了过于复杂的肌理和装饰，简化了线条。家居中，适合选用米黄色、白色的柔美花纹图案家具，显得高贵、优雅。另外，家具强调立体感，表面会有一些浮雕设计。

▲线条简化的复古家具

▲金属家具

▲曲线家具

▲兽腿家具

（2）布艺

现代轻奢风格中的布艺多为织锦、丝缎、薄纱、天鹅绒、天然棉麻等，同时可镶嵌金银丝、水钻、珠宝等装饰；而像亚麻、帆布这种硬质布艺，不太适用于现代轻奢风格的家居。窗帘则常见流苏装饰，以及欧式华丽的帘头；花纹图案上，不论何种布艺均适用于欧式纹样。

▲缎面材质的床品有着精致而优雅的美丽，不加任何图案修饰，将简洁的现代感融入，增加整体的轻奢感

▲长绒盖毯和簇绒花纹地毯质地柔软舒适，十分适合追求具有随性感的现代轻奢风格

（3）装饰品

现代轻奢风格注重装饰效果，用室内陈设品来增强历史文脉特色，往往会照搬古典家具及陈设品来烘托室内环境气氛。同时装饰品讲求艺术化、精致感，如金边欧风茶具、金银箔器皿、玻璃饰品等，都是很好的点缀物品。

▲餐厅整体的装饰比较简洁现代，唯独餐桌上的两个烛台尽显奢华，这样反而能给餐厅增添些许轻奢味道

▲石膏像

▲欧式茶具

▲镂空果盘

▲欧式花艺

（4）灯具

现代轻奢家居中的灯具外形相对欧式古典风格简洁许多，如欧式古典风格中常见的华丽水晶灯，在简欧风格中出现频率减少，取而代之的是铁艺枝灯。

▲客厅与餐厅的灯具都采用了复古的欧式造型，只不过在形式上简化了许多细节点缀，更简洁大方

09

现代田园风格：
讲求与自然"同呼吸"

　　现代田园风格讲求心灵的自然回归感，令人体验到舒适、悠闲的空间氛围。喜欢通过绿化把居住空间变为"绿色空间"，可以结合家具陈设等布置绿化，或做重点装饰与边角装饰，比如沿窗布置，使植物融于居室，创造出自然、简朴的空间环境。

1.软装要点

色彩：现代田园风格中米色、木色、绿色这些源自自然的色彩会出现得比较多。

材质：由于现代田园风格追求自然韵味，因此软装会大量用到木材和棉麻织物。

图案：植物花草图案一定是田园风格中常会出现的，另外几何图案也会少量地出现。

2.常用软装元素

（1）家具

现代田园风格的家具常以木材或布艺为主，并且可以选择较浅颜色的木材，烘托出干净、闲适的感觉，铁艺、金属材料也可以适当地使用。

▲木框架布艺沙发

▲铁艺家具

▲实木直线条家具

▲金属边几

（2）布艺

现代田园风格的布艺主要以纯色为主，也可以出现带有植物花卉图案的织物点缀其中，一些条纹、细格纹等几何图案也可以出现。

▲带有植物图案的棉麻床品充满了田园风情，搭配纯色的抱枕点缀又不会过于田园感

（3）装饰品

现代田园风格的装饰品除了摆放绿植花卉来增加田园感以外，为了能够保证现代感，一些新型材料的小摆件也可以适当地点缀其中。但这些装饰品的体量都不能过大，否则容易破坏自然感。

▲随处可见的绿植盆栽给空间增加了自然气息，营造出舒适、平和的居住氛围

▲墙上的胶片装饰非常有文艺味，书架上摆放绿植和书，再搭配上一些小物件，营造出浓厚的平和、自然的阅读氛围

（4）灯具

带有弯曲造型的灯具比平直线条的灯具更能突出田园风格的自然柔和感，此外，也常会出现复古造型的灯具。

▲白色的灯具不会给较小面积的餐厅带来拥挤感，仿花枝的造型也非常有装饰性

▲圆形的吊灯通常有着玲珑可爱的视觉效果，藤编的材质注入了自然感，整体给人爽朗、灵动的感觉

10

现代时尚风格：
带有强烈的现代符号

　　现代时尚风格重视功能和空间组织，追求个性的空间形式和结构特点。其最大魅力来自色彩的大胆创新，追求强烈的反差效果。家具多是造型简洁、无多余装饰、体现结构本身的形式美。装饰物中以抽象画、不锈钢、玻璃制品等作点缀。

1.软装要点

色彩：常用黑白灰色展现明快及冷调，也可以用红色、橙色、绿色等做跳色。

材质：冷材质中的玻璃、不锈钢运用广泛。

图案：布艺织物常用纯色，条纹、几何图形偶有出现；装饰画的图案一般以抽象图案为主，也常见都市摄影画。

2.常用软装元素

（1）家具

现代时尚风格的家具比较注重造型，除了横平竖直、简洁明快的常规板式或布艺家具，带有几何造型感的家具可以更好地体现风格特征。在材质方面，除了被广泛运用的金属、玻璃家具，塑料、皮质、大理石家具也较为常见。

▲造型家具

▲横平竖直、线条简洁的家具

▲玻璃+金属材质的家具

▲色彩鲜艳的布艺家具

（2）布艺

现代时尚风格在布艺材质的选择上没有特殊要求，棉麻、锦缎、粗布等均可。一般来说，如果客厅选择布艺沙发，在色彩上最好和窗帘有所呼应。现代时尚风格的床品款式简洁，常以黑、白、灰和原色为主。

▲客厅布艺沙发和单椅在造型上、图案上差异较大，形式上有非常时尚的对比感

（3）装饰品

在现代时尚风格的居室中，可以选择一些石膏作品作为艺术品陈列在家中，也可以根据喜好将充满现代情趣的小件木雕作品任意摆放。当然，还可以选择另类物件，比如民族风格浓郁的挂毯和羽毛饰物等。在装饰画方面，主题一般以抽象派的画法为主，画面上充满了各种鲜艳的颜色。

▲细黑框装饰画很适合现代时尚风格的墙面造型，抽象的画面主题，增添了个性

（4）灯具

现代时尚风格居室中的灯具除了具备照明的功能外，更多的是装饰作用。灯具采用金属、玻璃及陶瓷制品作为灯架，造型上多为几何图形和不规则形状，在设计风格上脱离了传统的局限，再加上个性化的设计，完美的比例分割，以及自然、质朴的色彩搭配，来体现风格特征。

第4章

不动工，用软装为空间带来大惊喜

对房间的改造并不只有砸墙换色才能达到理想的效果，软装的更换同样也能达到改变风格、焕然一新的效果，相比砸墙还更简单、省钱。

01

客厅软装：
室内软装整体基调的标杆

客厅是整个房子的"脸面"，客厅软装奠定了整个房子的氛围与风格，因此在对客厅进行软装改造时，更要注意细节的变化。

1.改变有年代感的电视墙

问题：家居风格更新较快，前几年流行的金碧辉煌的欧式大理石电视墙，如今看起来十分俗气。即使搭配了款式新颖、时尚的家具，因电视墙在客厅占据面积大，依然令人感觉格格不入，严重影响装饰效果。

软装改造方案如下：

（1）白墙+小体量墙面家具

要注意规避复杂的墙面造型，白色墙面最不容易出错，且造价较低。若觉得单调，可以在电视墙上设置搁板、小型吊柜等，再搭配些精致的小装饰，操作简单，也方便日后电视墙的更新换代。

▲由于电视柜是最简洁的造型，所以可以通过上面的摆件来改变整个电视背景墙的风格

（2）电视墙整体粘贴壁纸

壁纸的款式众多，施工简单、工期短，若使用环保胶，晾干即可入住，用来代替原来的墙面材料十分便捷，且装饰效果出众。

▲除了常规花纹的壁纸外，电视墙还可以选择画面感较强的壁纸或砖纹壁纸等

2.改变死板、没生气的沙发墙

问题：看腻了沙发墙悬挂装饰画的单一方式，又觉得过多装饰画组合太烦琐，既不想让墙面太单调，也不想让墙面太复杂，面对两难选择，很多业主对此实在是头疼。

软装改造方案如下：

（1）装饰画与墙面挂饰组合

装饰画与墙面挂饰组合的方式，比起全部使用装饰画作为墙面装饰更为独特，特别适合颜色较单一的墙面。

▲装饰画的内容和挂饰风格统一的效果最佳

（2）装饰画+ 饰品/ 植物组合摆放

　　沙发后方若有一个平台可以摆放装饰画，不妨加入一些小装饰品或小型绿植与其组合，从而塑造出妙趣横生的效果。

▶与装饰画组合的饰品或植物可以在色彩或造型上做一些呼应，塑造统一感

3.改变破旧的沙发

问题：使用了多年的老沙发，框架没有损伤，只是表面有一些难以祛除的脏污或小面积的破损，若将其丢弃十分可惜，重新购买则显得有些浪费。

软装改造方案如下：

（1）用全包套罩包裹沙发

沙发全包套罩以布艺材质为主，能够紧密地贴在沙发表面，将沙发全部包裹起来，浑然一体，可谓是令沙发旧貌换新颜的"神器"。唯一的缺憾是，这种"神器"只适合布艺及皮质沙发，不适合全实木沙发。

▲可根据喜好更换包套颜色或材质，从而达到不同的氛围效果

（2）铺设小成本的沙发垫巾

如果沙发主体部分损伤很小，只有细微划痕或开裂，用沙发垫巾进行覆盖，就可以达到美化的效果。垫巾的款式比较多，可以根据家居风格自由选择。也可在沙发购买之初，就利用沙发垫巾对沙发进行保护。

02

餐厅软装：
带来"好好吃饭"的心情

餐厅的软装改造既要注意与客厅呼应，又要能体现出较为温馨、活跃的氛围。除了家具软装的改变以外，亦可以从细节入手，通过对餐桌布、餐具布置等进行改变，从而达到改造的效果。

1.改变没有收纳空间的小餐厅

问题：中小户型餐厅，每一寸空间都要发挥其功能，故很难摆下独立餐边柜。一旦遇到一家人吃顿丰盛的大餐，盆盆碗碗无处安放，来来回回跑厨房拿取，会大大降低用餐好心情。

软装改造方案如下：

（1）用储物格、储物架增加储物空间

小餐厅虽然地面没有多余空间，但若餐桌可以靠墙摆放，则能够充分利用墙面空间。舍弃掉装饰画等纯装饰性软装，安装储物格、储物架来存储物品更能充分利用餐厅墙面和边角空间。

▲内嵌式的储物家具在节省空间的同时，看上去也更加清爽

（2）充分利用餐桌周围空间

如果不想舍弃美观的餐厅背景墙，可以从餐桌周围寻找合适的位置，安放低矮柜子，定制或DIY一个不妨碍日常活动的收纳柜，也可以解决没有餐边柜的问题。

▲低矮的餐边柜不仅方便坐着的时候拿取东西，而且也不会显得房间很拥挤

2.改变无法通行的拥挤餐厅

问题：很多小户型的餐厅要么非常小，要么与客厅共用，没有独立、宽敞的位置，导致无法摆放常规餐桌，即使勉强塞下最小规格的四人餐桌，也会阻碍正常的走动，让空间看起来非常拥挤。

软装改造方案如下：

（1）用吧椅搭配吧台

吧台和吧椅占地面积小，作为餐桌椅使用位置非常灵活，如果是开放式厨房可以与橱柜相结合，如果餐厅很小或没有独立餐厅，可以紧邻客厅或放在客厅与阳台之间。

▲吧台椅和吧台桌能够充分利用角落空间

（2）摆放更省空间的圆形餐桌

圆形餐桌给人的感觉更圆润，因为没有明显的分界线，必要时候可以多配置一个餐椅，很适合用在方形小餐厅中。

▲座椅不用时收纳进桌子下面，可以节省出更多的走动空间

（3）选用可折叠小餐桌

可折叠餐桌灵活、便捷，收放自如，可以根据使用人数来选择是否将其折叠，大大降低了空间面积对其的限制。

▶可折叠的餐桌可以满足多人同时用餐

3.改变千篇一律的餐厅审美

问题：餐桌尺寸较长，款式也比较厚重，搭配同款式的餐椅，只满足了使用需求，但餐厅缺少变化，显得单调又沉闷。

软装改造方案如下：

（1）选择款式多样的餐椅

选择同色彩不同款式的餐椅统一感比较强，但细节上存在变化，适合比较沉稳的餐厅风格；同材质不同色彩的餐椅更适合活泼、简洁的餐厅风格。

▲相同色彩不同款式

▲相同材质不同颜色

（2）用长凳/卡座代替一侧餐椅

若餐桌长度过长，可以在一侧摆放长凳或增设卡座，另一侧摆放造型独特的餐椅，这样可以弱化餐桌带来的生硬感。

◀利用卡座代替餐椅更加节约空间，同时又不会有单调感

03

卧室软装：
保护隐私，又要体现静谧感

卧室软装除了要能够提供舒适、安静的休憩氛围外，还要能够有一定的收纳性，有时候甚至不需要过多的装饰性软装，兼备实用性与装饰性的软装反而更适合。

1.改变超差私密性的卧室

问题：对于很多"迷你"户型来说，除卫浴外，其他空间均位于一个大的开放空间中，且长条形布局较多。这往往导致一开门就对室内情况一览无余，尤其是卧室区没有任何缓冲空间，很容易造成尴尬情况。

软装改造方案如下：

（1）采用柔软的帘幕划分区域

帘幕既不占地面面积，又能分隔空间，只需要在顶面设计一个悬挂位置，就可以完成隔断工作，同时还可增加温馨感。

▲玻璃隔断保证了卧室的光线，但十分缺乏私密性，利用幕帘改变这一尴尬情况既简单又容易操作

（2）用家具做软性分区

　　沙发和床之间如果有位置，可以使用一个推拉门家具或格子储物柜来做分隔，高度能够将床遮挡住即可。

▶ 利用矮柜作为沙发与床之间的分隔，既不会阻碍光线，又能保证两边的私密

2.改变带有闲置飘窗的卧室

　　问题：对于面积不大，却拥有一个阳光充足的小飘窗的卧室而言，飘窗值得好好利用，但大多数情形只是摆上了几个小抱枕，毫无创意，对于空间宝贵的小卧室来说，简直是暴殄天物。

　　软装改造方案如下：

（1）利用各种布艺将飘窗变成休闲角

　　在飘窗上可以摆放抱枕，也可以定做坐垫来增加舒适度，色彩最好与窗帘、床品有所呼应，不要把小飘窗孤立起来。

▲既有收纳功能又有休闲功能的飘窗对小卧室十分有用

（2）定制书桌和书柜

卧室面积小，又要兼具工作或学习功能，这时不妨将飘窗的台面和两侧墙面利用起来，制作成书桌及书柜，让卧室和书房功能合二为一，这种设计方案尤其适合小户型。

▶定制书桌和书柜能够根据房间的形状充分利用每一处空间

（3）定制非常规榻榻米床

对于有飘窗的小卧室来说，想要预留出一些空间安排其他家具时，可以沿着窗台高度定制榻榻米，既可充当床铺，又可用于休闲，同时还为家中增加了大容量的储物空间。

▲定制榻榻米搭配定制吊柜，将卧室的收纳功能提升，又不会占用过多空间

3.改变舍不得丢弃的老旧衣柜

问题：虽然年代比较久的衣柜表面有轻微划痕或色斑，考虑到旧家具会比较环保，因而屋主并不想进行更换，但又觉得其与空间风格不符。

软装改造方案如下：

（1）巧用黑板贴

如果衣柜的体量不是很大，可以先用环保漆进行刷漆处理，再贴上黑板贴。黑板贴上面可以DIY 书写艺术字体、绘画或者记录日常，是非常个性化的材料，用它来翻新衣柜表面，很适合年轻人的居住空间以及儿童房。

▲黑板贴可以在上面进行涂鸦，从而改变卧室的氛围

（2）利用贴纸或玻璃贴膜改装衣柜门

若衣柜色彩与整体空间搭配并不违和，只是款式老旧，可以利用贴纸或玻璃贴膜改装衣柜门来进行衣柜的局部改造。若衣柜门为玻璃，可以选择玻璃贴膜；若衣柜门为木质，则可选用贴纸。

◀不同纹理的对比让原本平淡无奇的衣柜立马变得现代感十足

04

厨卫软装：
要表达出一家人的生活品质

厨卫的软装改造更注重实用性，因为涉及到用水用电，所以软装的选择要注意材质的安全性，如果可以兼顾装饰作用更佳。

1.改变老旧的浴室柜

问题：对于使用了多年的浴室柜，在进行空间改造时，一些屋主出于预算考虑，不想换新，更不想大动干戈地将其拆除，只想在原有基础上进行翻新。

软装改造方案如下：

（1）改变浴室柜外表色彩

若浴室柜框架和门体都比较完好，只是表面有一些损伤或污渍，可通过粘贴贴纸、刷漆等方式进行改造，为原来的浴室柜换一种明亮的色彩。

▲由于卫浴间整体为白色，所以可以更换浴室柜外表的色彩来营造亮点

（2）卸掉柜门加隔板

如果原有浴室柜柜门部分损伤比较严重，可以将柜门卸除，对内部进行翻新，而后加一些隔板，将其改成开放空间，来增加其通透感。

2.改变混乱的厨房台面

问题：厨房中涉及的烹饪用具很多，若将它们全部收纳到橱柜中，使用起来十分不便；若放在灶台上，又令空间看起来杂乱不堪。

软装改造方案如下：

（1）利用横杆让厨房更整洁

横杆可以充分利用厨房的墙面空间，虽然体量不大，但可以很好地解决厨房零碎物品的收纳问题。墙面横杆分为明装和暗装两种形式：若墙面无法打孔，可以尝试将横杆安装在吊柜底部，棘手问题迎刃而解。

▶横杆可以节约桌面空间，但要注意不能悬挂过重的物品

（2）用隔板增加收纳量

当厨房墙面位置有一些空余时，可以直接用隔板布置这块位置。隔板安装简单，长度可定制，使用起来非常方便。另外，目前在北欧风格中比较流行的洞洞板，也是厨房收纳的明星产品。

▶墙上的小隔板可以用来摆放一些随时需要的东西，这样就不用每次都去打开橱柜寻找

05

玄关软装：
选得巧，小空间也能"吸睛"

一般家庭的玄关都不是特别大，除去一些独立的玄关空间，大部分玄关都是与客厅一体的，所以在软装的选择上既要能与客厅呼应，又不会给空间增添拥挤感。

1.改变单调的玄关

问题：为了让玄关显得明亮、宽敞，屋主在装修之初将墙面涂刷成了白色，但时间久了，总感觉单调、冷清，缺少温馨的感觉，也拉低了家居的颜值。

软装改造方案如下：

（1）合理利用装饰画组合

装饰画既可以彰显空间的整体风格特点，又不占据地面位置，很适合面积不大的玄关。需要注意的是，玄关墙面的装饰画不宜复杂，否则易显拥挤。若选择多幅装饰画组合，最好采用方框线式悬挂方式。

▲装饰画的点缀让原本沉闷的玄关柜变得很有质感

（2）用黑板漆替代普通乳胶漆

可以用白色黑板漆替代普通乳胶漆涂刷玄关墙面，之后用软装挂饰进行装饰。

▲饱和度高的白色不会影响空间的通透感，同时墙面也可以成为家中孩童的涂鸦场所或记事墙

2.改变毫无亮点的玄关

问题：入户玄关面积不大，还正对一面墙，十分突兀，又显逼仄。摆放鞋柜之后，不但没有改善空间问题，反而占用了原本就不充足的空间。

软装改造方案如下：

（1）装饰镜搭配个性小家具

在空间墙面安装装饰镜，既方便每天出门前整理仪容，又能使空间显得更宽敞、明亮。再搭配个性化小家具，使整个玄关区兼具实用性与装饰性。

（2）实用柜体搭配灯具、饰品

以鞋柜为主体，在上方使用单头或多头吊灯，然后搭配一些装饰画、花艺以及小饰品等装饰玄关，这些装饰品高低穿插组合后，就将玄关区打造成了一个具有艺术感的展示区。

3.改变狭小没有收纳力的玄关

问题：玄关比较小，虽然勉强能够放下鞋柜，但受尺寸、空间限制，内部容量有限，而家人每一季常用鞋子又比较多，容易形成门口全部都是鞋子的窘境，进出非常困难，严重影响室内的美观性。

软装改造方案如下：

（1）使用翻板鞋柜提高收纳量

在同等大小的情况下，选择内部带有翻板设计的鞋柜，可以提高至少一倍的收纳量。

（2）选用带有储藏功能的换鞋凳

换鞋凳除了适用于鞋柜的位置外，还可置于玄关，隔板式和翻板式换鞋凳适合存放外出用鞋，若拖鞋较多，可以使用带有储物箱的款式。

▲一体式的玄关柜充分地利用空间，又能满足多功能需求

（3）利用墙面或鞋柜内空余空间

可以利用一些材料固定于玄关空白墙面上，自己制作一面放置鞋子的收纳墙，也可以购买一些能够悬挂、存放鞋子的小物件，用于墙面、鞋柜侧面或柜门内部。

第 5 章

"以人为本"的软装布置，居住起来更舒心

软装饰是赋予空间文化内涵和品位的重要方式，因此，不同阶段的人群需要不同的软装搭配。在进行软装设计时，结合自己与家人的性别和年龄特征，从整体上进行综合策划，能够使家居空间更贴近自己的需求。

01

男性空间软装：
素整、高效，以实用为基准

男性空间的软装会更加简单化和质感化，虽然现在很多装饰也很适合男性房间使用，但是从男性的整体性格与普遍生活习惯而言，实用又便于整理的软装，更符合需求。

1.常见的软装色彩

软装代表色彩通常是具有厚重感或者冷峻的色彩，其中，表现冷峻的色彩以冷色系和黑、灰等无色系色彩为主，明度和纯度均较低。表现厚重的色彩以暗色调及浊色调为主，能够表现出力量感。

▲黑白灰的色彩组合营造出简洁、利落的感觉

▲除了黑白灰，木色、米色同样能够表达出清爽、简约的感觉

2.常用的软装家具

空间中的家具往往造型简单，棱角分明的家具造型加上稳重的色彩组合，可以彰显与众不同，而收纳性质明晰的家具则可以较好地帮助男性进行物品分类。

▲多功能家具不占额外空间，还帮助收纳

3.常用的软装饰品

软装饰品以雕塑、金属装饰品、抽象画为主，重在体现理性、冷静的感觉。同时，材质硬朗、造型个性的产品更能彰显男性的魅力，如不锈钢相框、车轮造型挂钟、几何线条的落地灯、铁丝衣帽架、水晶烟缸等。

▲男性空间的饰品一定要兼备实用性与装饰性

4.常见的软装图案

男性空间装饰品及家具的选材，均可以以玻璃、金属等冷调质感的材质为主。造型上以几何造型、简练的直线条为主，顺畅而利落。

▶利落的线条不一定是男性空间的专属，但一定能够展现男性本身的硬朗感觉

02

女性空间软装:
温馨、浪漫，注重营造氛围

女性空间的软装搭配并没有特别的限制，可以擅用曲线的甜美浪漫，也可以偏爱直线条的冷酷感，无论是哪一种，女性空间的软装在材质、图案以及色彩上都有更多的选择。

1.常见的软装色彩

女性家居的软装配色不同于男性家居，色相方面基本没有限制，即使是黑色、蓝色、灰色也可以应用，但需要注意色调的选择，避免过于深暗的色调及强对比。另外，红色、粉色、紫色等具有强烈女性主义的色彩运用十分广泛，但同样应注意色相不宜过于暗淡、深重。

▲带有高级质感的低彩度配色，即使使用粉色、丝绒这样偏女性化的象征，也不会过于有女性感

▲即使软装色彩平和，没有特别的性别偏向，但暖材质的统一，犹如女性的柔软，给人一种柔和、细腻的感觉

2.常用的软装家具

软装家具多以曲线家具为主，相比作为主角摆在空间中，布艺或实木材质的家具要比玻璃、金属的家具更适合，而冷材质的家具可以作为点缀。

▲相比男性空间追求多功能的家具，女性空间可以适当选择更有造型感的家具作为装饰一份子

3.常用的软装饰品

女性家居饰品往往清新、自然，常见花卉绿植、花器等与花草有关的装饰，而晶莹剔透的水晶饰品等则能表现出空间的精致感。

▲带有通透感的饰品更能打动女性对于闪耀装饰的天性追求

4.常见的软装图案

直线条、曲线条都能够在女性空间中出现，而更加复杂的图案也不会有不适合的感觉。具有女性特征的流苏、花草纹，也能够体现出女性的柔美感。

▶花草图案壁纸、曲线家具、粉色色彩都有着女性感

03

男孩房软装：
每个"他"都是小超人

男孩儿房软装保持明亮感是最重要的原则，过于暗淡、沉闷的色彩或过于鲜艳的色彩都不适合使用在男孩房中。相对比较活泼的男孩儿，可以选择布艺、实木等比较温和的软装材质。

1.常见的软装色彩

男孩房的装饰应避免采用过于温柔的色调，以代表男性特征的蓝色、灰色或者中性的绿色为中心配色，也可以根据男孩的年龄来搭配软装色彩。例如，年纪小一些的男孩儿，适合清爽、淡雅的冷色，而处于青春期的男孩儿，则会排斥过于活泼的色彩。

▲男孩的房间软装尽量以干净的色彩为主，而蓝色与黄色的点缀，能够小范围地增加活跃感

▲男孩房的色彩不一定要是蓝色，也可以是孩子喜欢的动漫主题，只要避免主色过于暗沉即可

2.常用的软装家具

　　家具可以大量采用实木、藤艺等天然材质，一定要避免玻璃材质。另外，家具一定要保证安全性，特别是攀爬类家具，而边缘光滑的小型组合家具也非常适用于男孩房。

▲带有娱乐性质的家具最适合释放男孩充沛的精力

3.常用的软装饰品

　　男孩房在设计时应注重其性别上的心理特征，如英雄情结，也要体现出活泼、动感的设计理念，可以将其喜爱的玩具作为装饰，活跃空间氛围。

▲动漫卡通形象的装饰能将孩子的天真与无邪展现而出

4.常见的软装图案

　　男孩房的软装材质要求环保，图案常以卡通或者涂鸦形式的几何图形等线条平直的图案为主，可以通过丰富的色彩，引起家中孩童的兴趣。

▶涂鸦图案为孩子营造出活泼、积极的氛围

04

女孩房软装:
打造"梦幻城堡"

女孩房的软装最重要的是能突出温柔、平和的感觉,让孩子充满安全感与幸福感。因此软装的选择还是多以暖材质为主,色彩上也不宜过于强烈。

1.常见的软装色彩

暖色系定调的颜色倾向,很多时候会令人联想到女孩的房间,例如粉红色、红色、橙色,高明度的黄色或棕黄色。另外,女孩房也常会用到混搭色彩,达到丰富空间配色的目的。但需注意配色不要杂乱,可以选择一种色彩,通过明度对比,再结合一到两种同类色来搭配。

▲低彩度的色彩能够创造出温馨、柔和的氛围,对于女孩房间而言也是不错的选择

▲女孩房也不代表一定要大面积使用粉色才可以,整体白色软装,些许的粉色点缀,纯净之中带有一丝丝的甜美

2.常用的软装家具

公主床等具有童话色彩的家具，以及玲珑、活泼的卡通家具都非常适合女孩房，这类家具大多为粉色、紫色、浅蓝色、淡绿色等，可以充分体现女孩房的天真、浪漫。

▲充满奇特造型的家具符合孩子的奇思妙想

3.常用的软装饰品

布偶玩具特有的可爱表情和温暖的触感，能够带给孩子无限乐趣和安全感，因此一些色彩艳丽、憨态可掬的布偶玩具经常出现在女孩房中。另外，带有蕾丝的饰品也是女孩房中不可多得的装饰。

▲柔软的布艺是女孩房间最佳的装饰物，卡通形象的饰品也十分契合

4.常见的软装图案

女孩房在材质的选用上和男孩房一样，力求天然、无污染的材质；图案方面可以是喜爱的卡通人物形象，也可以是自然界的植物、宇宙中的星河等，也可以是波点、碎花等图案。

▶花朵地毯、兔子台灯、南瓜马车形状的床，一切都充满了童话仙境之美

05

老人房软装：
让生活起居更便捷

老人通常历经沧桑，喜欢回忆以前的经历，喜欢具有安稳感氛围的空间，不喜欢过于艳丽、跳跃的色调和过于个性的家具。

1.常见的软装色彩

老年人一般喜欢相对安静的环境，在装饰老人房时需要考虑这一点，使用一些舒适、安逸的配色。例如，使用色调不太暗沉的温暖色彩，表现亲近、祥和的感觉，红、橙等高纯度易使人兴奋的色彩应避免使用。在柔和的前提下，也可使用一些对比色来增添层次感和活跃度。

▲棕色与米色搭配最能体现老人房的稳重感

2.常用的软装家具

　　样式低矮、方便取放物品的家具和古朴、厚重的中式家具是老人房中的首选。另外，老人房要求空间流畅，因此，家具应尽量靠墙而立，同时要注重细节，门把手、抽屉把手等应采用圆弧形设计。

▲中式实木家具非常受老年人喜爱，温润的触感、稳重的色彩，十分适合老人房

▲金属材质的家具也可以供老人房使用，但尽量选择线条圆润、体积较小的家具

▲老人房家具的选择可以根据整体风格选择

3.常用的软装饰品

　　老年人喜爱宁静安逸的居室环境，追求修身养性的生活意境。因此，房中摆放恬静淡雅的淡绿色花鸟挂图，与老年人悠闲自得的性情非常契合。另外，也可以在客厅中摆上一个茶案，传递出老年人的雅致生活态度。

▲晚上起夜时，带有柔和光线的台灯不会刺激老人的眼睛

4.常见的软装图案

　　隔音性良好和具有温暖触感的材质较适合老人房使用，而像玻璃等硬朗、脆弱的材质应避免出现在老人房中，防止出现安全隐患。另外，老人房应避免繁复图案，以简洁线条和带有时代特征的图案为主。

▲软装的图案不会太多，淡淡的水墨图案反而有种清涧悠扬的气韵

第 **6** 章

─ 家的四季，用软装营造美好生活 ─

由于家居软装易于更换与调整，因此在搭配上并非是一成不变的，可以根据不同季节、节日、人群来选择与之匹配的软装。这种方式不仅简单易行，而且花费不高，是改变家居面貌最直接、有效的方式。

01

春季软装：
清新、明亮，尽显盎然生机

　　春天是一个充满生机的季节，家居软装也同样应突显出春意盎然的感觉。可以利用富有生机的色彩和来源于自然中的图案装点家居环境。

1.常用软装元素

▲轻薄的纱帘

▲棉麻窗帘

▲绿色植物图案抱枕

▲暖色系抱枕

▲绿色簇绒地毯

▲花鸟装饰画

▲盆栽

▲水培绿植

2.常用色彩

　　春天多以清新、明亮的色调为主，如明黄色+白色，芥末绿+白色等，这样的配色既温暖，又不失自然清新；此外，珍珠色、奶油色、珊瑚色等在大自然中较常见的色彩也越来越多地成为春季家居的潮流色彩。

▲大面积布艺家具带来空间的柔和感，玻璃花瓶与色彩清雅的插花为空间增添了清新氛围

3.常见形状图案

　　自然的材质如木材、皮革、毛毡和植物纤维，在视觉上能给人带来泥土的质朴与丛林的清新，可以用在春季的软装搭配中。另外，轻薄的纱帘，带有明媚色彩的地毯，五彩缤纷的壁画，也可以表达出春天的气息。

▲大面积绿色地毯为空间带来清新氛围，也将春天的气息满溢

02

夏季软装：
轻盈、清爽，令人心旷神怡

夏天给人以热情、奔放的感觉，也容易让人产生燥热不安的情绪。因此，家里的软装配饰可以换成质地轻盈、颜色清爽的材质来改善空间氛围，令人神清气爽。

1.常用软装元素

▲蓝色系透气窗帘

▲蓝色系抱枕

▲蓝色系床品

▲蓝色主题装饰画

▲玻璃工艺品

▲飘逸的帷幔

▲冷色与暖色搭配的花艺

▲大面积蓝色地毯

▲玻璃花瓶＋插花

2.常用色彩

夏季的软装搭配要给人带来清爽感，因此，冷色调十分契合。其中蓝色是最能代表清凉的色彩，与白色搭配能够散发出沁人心脾的清新味道。另外，米色、淡灰、浅紫等，也都是合适用在夏天的颜色。

▲灰蓝色的家具与淡蓝色墙面呼应，使整个空间充满了清爽感

3.常见形状图案

夏日家居软装要突显透气、凉爽，因此，轻薄透气的纱制品、棉麻制品和凉爽的藤竹制品受到广泛欢迎。工艺品可选择铁艺、玻璃等能给人带来冰凉触觉的材质。

图案方面以多姿多彩的动物图案、五彩缤纷的花卉图案、不规则形状的几何色块、海洋元素饰品，都可以让夏日家居回归到最自然、最原始的快乐之中。

▲蓝色玻璃花瓶与黄色花枝搭配得极具艺术感，其材质和色彩均体现出夏日的清凉

03

秋季软装：
含蓄、低调，让思绪更加丰盈

秋天是丰收的季节，天气也开始渐渐转凉，夏天清爽的色彩和材质开始不再适合秋季的家居软装。色调温馨，材质稍显厚重的软装材质能够令家居升温，是秋季软装配饰的关键。

1.常用软装元素

▲棕色系窗帘

▲棉质印花窗帘

▲色彩丰富的大花抱枕

▲毛线坐垫

▲花形浓郁的地毯

▲水果图案的装饰画

▲丰收主题的装饰画

▲暖色系的插花

▲粗陶制品

2.常用色彩

　　秋季为了让家居环境看起来温暖、柔和，可以选择一些暖色系配色，但是色彩不要过于亮丽，应在选择的颜色当中适当添加一些灰色的基调，搭配起来会更加和谐，像棕色、米色、酒红色、墨绿色等可以滤去秋日的浮躁，让室内充满雍容大气之感。

▲略显低调的暖黄色餐厅带来秋日的含蓄美，与灰色的墙面搭配，有一种不太强烈的对比感

3.常见形状图案

　　秋季天气渐凉，应该选用能营造暖意氛围的材质和家居饰品，例如，柔软的羊绒盖毯、质地厚实的窗帘等。另外，大花图案的布艺软装、干花、枯枝、丰收主题的装饰画等，都能将秋风带来的萧瑟一扫而尽，是秋季软装的首选。

▲卧室地上的大花地毯图案绚烂，体现出秋季的斑斓

04

冬季软装：
柔软、温暖，让家居环境升温

温暖的色彩及柔软、温暖的材质是冬季软装不可或缺的两大的要素。只要将色彩与材质进行合理搭配，就可以轻易营造出一个暖意融融的冬日家居。

1.常用软装元素

▲长绒抱枕

▲长绒毯

▲簇绒地毯

▲厚实的窗帘

▲厚实的棉质床品

▲暖光布罩台灯

▲树脂雪人摆件

▲暖色木制品

▲飘雪水晶球

2.常用色彩

应尽量避免大面积冷色调的运用，红色、橙色、深棕色、土黄色等暖色是冬日软装色彩的首选。还可以适量添加白色调来营造冬雪的气氛。

▶厚实的长绒毛印花床毯，既温馨，又能令人眼前一亮

3.常见形状图案

冬季气候寒冷干燥，宜选用触感柔软且温暖的羊毛、棉、针织等材质来赶走冬日的严寒。另外，工艺品也避免选用金属、玻璃等冰冷的材质，可以搭配天然的陶制、藤竹等质朴的材质，令居室更显温馨。另外，不规则的长绒毛地毯、梅花、经典的格子、充满朝气的向日葵图案，都能营造出冬季温暖的气息。

▲利用材质温暖的抱枕及长绒毯，令冬季家居环境充满温暖气息

05

春节软装：
营造喜庆、阖家团圆的温馨感

春节不仅仅是一个节日，同时也是中国人情感得以释放、心理诉求得以满足的重要载体。家居中的软装也可以在新年之际换上新装，体现出喜庆、阖家团圆的温馨感。

1.常用软装元素

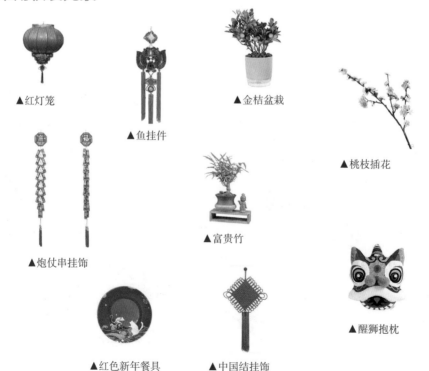

▲红灯笼

▲鱼挂件

▲金桔盆栽

▲桃枝插花

▲炮仗串挂饰

▲富贵竹

▲醒狮抱枕

▲红色新年餐具

▲中国结挂饰

2.常用色彩

  红色是最能体现出喜庆感的色彩，因此，可以适当布置红色软装。需要注意的是，红色不适合大面积运用，容易产生视觉刺激。另外，橙色、金色、绿色这三种颜色可以表现出一种欢乐、富足、生机勃勃的感觉，也可用在春节软装中表达喜庆气氛。

▲色调稳重的客厅，春节期间摆放上红色花艺和红色抱枕，不费周章，就营造出一个喜庆的空间

3.常见形状图案

  "福"字是春节家居中常出现的文字图案，可以为家居环境带来吉祥的寓意；另外，灯笼、窗花、年画这类能够表现中式传统文化的元素，运用在春节软装中，也可以很好地表现出浓郁地年味儿。

06

情人节软装：
力求提升爱人间的亲密关系

西方的情人节是一个浪漫而甜蜜的节日，这一天也是提升爱人间亲密关系的好时机。可以利用软装提升家居空间的温馨基调，令节日气氛更加浓郁。

1.常用软装元素

▲永生花

▲散香器

▲香薰蜡烛

▲人物摆件

▲定制装饰画

▲相框摆台

▲烛台

▲爱心抱枕

2.常用色彩

  白色、粉红色、大红色等都能表达出爱意，因此以这三种颜色为主的软装搭配最契合情人节的氛围。白色表示简单，代表爱情的纯洁和婚姻的忠诚；红色不仅能体现出爱情的激情与热烈，更能展现浪漫的氛围。

▲红色的靠枕、代表浪漫的红色插花、细节的一点改变，就能让客厅充满浪漫的情愫

3.常见形状图案

  传递心意的花朵和心形图案、巧克力，带有"爱""LOVE"等字眼的物品都能很好地表现情人节的浪漫气氛。由于情人节是一个带有浪漫感及温馨感的节日，因此应该多采用一些圆润线条的饰物，避免尖锐、生硬的线条破坏家居中的和谐氛围。

▶不喜欢过于鲜艳的装饰，也可以自己动手制作，木质材质朴实低调，以"LOVE"装饰牌点亮情人节主题，既不会过于张扬，又包含爱意

07

儿童节软装：
为孩子们营造乐园

　　儿童节是专属于孩子的节日，是个轻松、快乐的节日。关于儿童节的装饰除了要契合孩子的喜好，也要能巧妙地融入空间之中，而不会有突兀感。

1.常用软装元素

▲卡通玩偶

▲色彩缤纷的气球

▲卡通主题布艺

▲拉花装饰

▲动物造型餐具

▲折纸挂件

▲童趣抱枕

▲童真花艺

▲可爱墙饰

2.常用色彩

儿童节的色彩没有特别硬性的规定，但一定要避免大面积地使用比较深、暗的颜色，可以少量地点缀使用，尽量使用比较明亮的色彩。而一些过于激烈或冷淡的色彩，比如红色、橙色、深灰色、深绿色，也尽量避免大面积地使用。

▶单色调也可以成为儿童节的主色，会给人一种舒适、柔和的感觉

3.常见形状图案

儿童节的装饰最常见的一定是各种卡通形象，它们非常明确地突出节日气氛。另外，一些饱含父母爱意的图案也可以出现，增添温情感。整个空间软装的线条一定要比较流畅、圆润，不要过多地使用直线条来修饰。

▶卡通造型软装奠定了可爱的气氛，局部的三角图案点缀，平衡了圆气球带来的过多的圆润感

08

万圣节软装：
新奇、好玩，尽情狂欢

新异好玩的万圣节是孩子们的狂欢节。在家居软装布置上，这样一个诡谲的节日，也应该传承哥特的风范。但要适可而止，只做局部点缀，毕竟家居环境还是要以温情为主。

1.常用软装元素

▲万圣节桌布

▲南瓜图案抱枕

▲万圣节餐具

▲南瓜灯

▲南瓜花艺

▲万圣节拉花

▲蜘蛛装饰

▲万圣节蜡烛

▲蝙蝠装饰

2.常用色彩

　　万圣节的主题色非常明确，深邃的黑色和活泼张扬的橙色成为了这个节日的主色调。因此在布置居室选择软装的时候，不妨多选择这两个色调的家饰品。可以从餐桌布、凳套、墙壁贴纸、杯垫、抱枕、地毯等多方面入手。

▲墙上黑白色的万圣节装饰与空间整体色调呼应，所以不会有违和感，橙色的南瓜造型摆件装饰空间，既能提亮空间，又有节日氛围

3.常见形状图案

　　南瓜作为万圣节的经典饰品，在万圣节的出现频率可谓相当高。另外，蜘蛛、蝙蝠、女巫的扫帚、城堡、黑猫等也是万圣节常见的装饰图案。

▶餐厅是最能展现节日氛围的地方，南瓜造型的摆设、悬挂的女巫帽，色彩上没有过分的宣扬，却也有浓浓的万圣节气息

09

圣诞节软装：
打造亲密相处的浓情领地

　　圣诞节类似于中国的春节，是个喜气、祥和的节日。属于圣诞节的装饰很多，可以巧妙地融入家居软装中来，营造出浓郁的圣诞气息。

1.常用软装元素

▲圣诞主题抱枕

▲圣诞主题餐具

▲圣诞花环

▲圣诞树

▲圣诞袜

▲圣诞老人玩偶

▲球形装饰

▲雪人玩偶

2.常用色彩

西方人以红、绿、白三色为圣诞色。圣诞节来临时家家户户都要用圣诞色来装饰，红色的有圣诞花和圣诞蜡烛。绿色的是圣诞树，它是圣诞节的主要装饰品。除了这三个圣诞色外，金色、银色、白色、黄色也慢慢发展为圣诞节装饰的常用颜色。

▲使用最传统圣诞节配色，红色与绿色

▲粉色也可以营造圣诞氛围

▲圣诞节的装饰配色也可以运用金色

▲白色与婴儿蓝的装饰有着冰雪的纯净感，也非常适合圣诞节

3.常见形状图案

圣诞节是体现欢乐的节日，同时也充满童趣。在软装图案方面，圣诞老人、驯鹿既是圣诞节特有的元素，也充满卡通乐趣，因此十分适用。此外，雪花、心形、星星图案等，也常常出现在圣诞节的软装布置中。

▲客厅充斥着雪花、圣诞树等图案，即使装饰不是特别多，也能够凸显圣诞氛围